U0888298

吉林省精品课程开发建设系列教材

食品雕刻与盘饰造型艺术

主　编　刘　利　李凤荣
副主编　黄国秋　曹清春
主　审　王立国　冯立彬
参　编　杨春雨　赵春伍　李浩莹
　　　　王海滨　耿晓春

中国财富出版社

图书在版编目（CIP）数据

食品雕刻与盘饰造型艺术 / 刘利，李凤荣主编．—北京：中国财富出版社，2013.8（2019.8 重印）

（吉林省精品课程开发建设系列教材）

ISBN 978-7-5047-4776-1

Ⅰ.①食…　Ⅱ.①刘… ②李…　Ⅲ.①食品雕刻—中等专业学校—教材　Ⅳ.①TS972.114

中国版本图书馆 CIP 数据核字（2013）第 171060 号

策划编辑　寇俊玲　栗　源　　**责任印制**　梁　凡　郭紫楠

责任编辑　曹保利　彭佳逸　　**责任校对**　杨小静

出版发行　中国财富出版社（原中国物资出版社）

社　　址　北京市丰台区南四环西路 188 号 5 区 20 楼　　**邮政编码**　100070

电　　话　010-52227588 转 2098（发行部）　010-52227588 转 321（总编室）

010-52227588 转 100（读者服务部）　010-52227588 转 305（质检部）

网　　址　http：//www.cfpress.com.cn

经　　销　新华书店

印　　刷　北京京都六环印刷厂

书　　号　ISBN 978-7-5047-4776-1/TS·0066

开　　本　787mm×1092mm　1/16　　**版　　次**　2013 年 8 月第 1 版

印　　张　8.75　　**印　　次**　2019 年 8 月第 2 次印刷

字　　数　207 千字　　**定　　价**　30.00 元

版权所有·侵权必究·印装差错·负责调换

吉林省精品课程开发建设系列教材

编写委员会

主任委员：

王立国（吉林省工商技师学院院长）

副主任委员：

贾成山（吉林省工商技师学院书记）

林丽英（吉林省工商技师学院副院长）

郭晓海（吉林省工商技师学院副院长）

汪洪波（吉林省工商技师学院副院长）

李凤荣（吉林省工商技师学院副院长）

赵春伍（吉林省职业技能教研室主任）

刘　利（吉林省工商技师学院烹饪系主任）

委　　员：

黄国秋　马丽洁　王岩平　朱　旭

宋　鹤　曹清春　宋玉玲　王海滨

耿晓春　杨春雨　刘立军　张廷艳

石　光　田伟强　李浩莹　郭　爽

孟繁宇　张　宁　范海莲　冯立彬

吴　强

总　策　划： 寇俊玲

前 言

为了更好地适应全国职业技术学校烹饪专业的教学要求，深化教学改革，转变广大教师教育教学理念，根据《教育部关于进一步深化中等职业教育教学改革的若干意见》关于“中等职业教育要深化课程改革，以培养学生的职业能力为导向，加强烹饪示范专业建设和精品课程开发”的精神以及《中等职业教育改革发展行动计划（2011—2013年）》的要求，特编写本书。

《食品雕刻与盘饰造型艺术》是中等职业学校烹饪专业的主干课程。本书坚持以能力为本位，重视实践能力培养，突出职业技术教育特色，合理规划学生应具备的能力结构与知识结构，通过理论知识与实训任务一体化的学习，使学生能够自主地解决实训过程中出现的问题，从而满足企业与社会对技能型人才的需求。

本书在编写的过程中，严格贯彻国家有关技术标准的要求，注重职业教育的发展规律和基本特点，以提高学生职业综合素质为重点，以培养学生综合能力为主线，注重基础学习，突出能力本位。在教学目标、教学内容与教学方法等方面的设置，重点突出了针对性与实效性相结合的特点，使学生学到并掌握企业与社会所需的最前沿的知识和技能，从而使烹饪专业的新知识、新技术、新工艺、新方法得到落实。

本书共分为六章二十四节内容，从食品雕刻的形成与发展、食品雕刻的基础知识、食品雕刻造型艺术、冷菜拼摆造型艺术、盘饰与面饰造型艺术等方面进行讲解。

本书由吉林省工商技师学院刘利、李凤荣担任主编，黄国秋、曹清春担任副主编，杨春雨、赵春伍、李浩莹、王海滨、耿晓春参与编写，全书由王立国、冯立彬主审定稿。编写中查阅了大量的相关教材及著作，并得到了有关部门和学院领导的大力支持，在此一并表示诚挚的感谢。

本书配有多媒体电子教案。教师可以登录中国财富出版社网站（http://www.cfpress.com.cn）“下载中心”下载教学资料包，为教师教学提供完整支持。

由于本书编写时间仓促、加之编者水平有限，书中难免会有疏漏和不妥之处，敬请使用本书的师生和读者提出宝贵意见，以便再版时修订完善。

编委会

2013年6月

目 录

第一章 食品雕刻概述

学习目标

1. 了解食品雕刻的概念
2. 了解食品雕刻的由来和发展
3. 了解食品雕刻的地位和作用

食品雕刻是烹饪技术和文化艺术的结合体，是我国烹饪文化中不可缺少的重要组成部分。食品雕刻也简称食雕，食雕的类别有：黄油雕、巧克力雕、面塑、冰雕、糖粉雕、琼脂雕与果蔬雕等，而应用最为广泛的食品雕刻就是把各种具备雕刻性能的可食性原料，通过特殊的专用刀具，采用各种雕刻技法，加工成形状美观，吉庆大方，栩栩如生，具有观赏价值的“工艺”作品。

食品雕刻花样繁多，取材广泛，无论古今中外，花鸟鱼虫，风景建筑，神话传说，凡是具有寓意美好象征的，都可以用艺术的形式表现出来。

第一节 食品雕刻的由来和发展

一、食品雕刻的由来

食品雕刻起源于中国，是将我国传统的牙雕、木雕、石雕、玉雕和木刻等美术工艺的造型方法和技巧运用到食品上的一项传统技艺，是悠久的中华美食文化孕育的一颗璀璨的明珠。

食品雕刻的起源，至今在史料中尚未找到切实的记载。先秦的“雕卵”大概是食雕较早记载。

唐代宴席菜肴已采用雕刻，唐昭宗（889—904）所著《岭表录》中记载“枸橼子，形如瓜，皮似橙而金色，故人重之，爱其香气。京辇豪贵家订盘筵，怜其远方异果。肉其厚，白如萝卜，南中女子竟取其肉雕镂花鸟，浸之蜂蜜，点以胭脂，擅共妙巧，亦不让湘中人镂木瓜也。”

宋代的雕刻原料已发展至蜜饯果品，叫做“看菜”。元代周密《武林旧事》卷九《高宗幸张府节次略》中记载：“绍兴廿一年十月，高宗幸清河郡王第。共进御筵节次如后，雕花密煎一行：雕花梅球儿，红消花，雕花笋，蜜夏瓜鱼儿，雕花红团花，木瓜大段儿，雕花金橘，青梅荷叶儿，雕花姜；蜜笋花儿，雕花枨子，木瓜方花儿。”史籍上记有宋谢益斋命仆人剖瓜做杯，在香瓜上刻上花纹。可见那时瓜雕已出现了。

到了明清时期，江苏扬州瓜雕最为热潮，据《扬州画舫录》记载：“亦间取西瓜镂刻人物、花卉、虫鱼之戏，谓之西瓜灯”，在此基础上发展出瓜刻，将西瓜雕成花瓣，表面上雕成山水、人物、动物、花鸟、草虫以增加立体感，其形式多样、千变万化、妙趣横生，至今仍为食雕的重要一部分。

清代是中国烹饪技术比历代发展都要快的时期，食雕与烹饪相结合，比宋明两代又有进步，成为筵席上食客的赏心悦目之点缀佳品，在清宫中有“一吃，二看，三观赏”就有食品雕刻的内容，民间各种祭祀中也有食雕的踪影。乾隆年间，以盅灯结合图文并茂的“御果园”，标志着食品雕刻技艺达到了新的高度，成为中国古代食品雕刻的鼎盛时期。

二、食品雕刻的发展

新中国成立以来，食品雕刻技术呈现百花齐放，姹紫嫣红的局面，在继承传统的基础上，经过广大的厨师和专业人士的积极探索和大胆创新，已与传统的玉雕、木雕等行业结合，无论是内容，还是形式及题材，都有了突飞猛进的发展。以前称为刻萝卜花之代称已很不全面。

近年来随着人们生活水平和文化水平的提高，中外文化的交流和饮食行业结构的优化及从业人员素质的提高，食品雕刻原料的选用范围不断扩大，取材越来越广泛，其应用范围也在不断地扩大。食品雕刻日趋完善，表现手法更加细腻逼真，设计制作更加精巧，艺术性更高。琳琅满目的雕刻如冰雕、果蔬雕、面塑、泡沫雕、花泥雕、喷沙雕、琼脂雕、黄油雕等，在酒店宾馆里争奇斗艳，添光溢彩。到现代食品雕刻已成为一个单独的比赛项目，现在某些大型的商业厨房中把从事食品雕刻的厨师独立分离出来，设立“雕刻师”这一专业，专司于餐台的装饰工作。中国的食品雕刻艺术在国际上也有很高声誉，被外国朋友们称作东方食品的“艺术明珠”。

特别是近两年糖艺糖粉作品和果酱画相结合的应用，不仅可以点缀菜肴，还可以食用，成为食品雕刻发展的一个新趋势。因此，今天的食品雕刻被越来越多的厨师所青睐，不但被放在盘中作为点缀或作为容器盛放菜肴，而且作为艺术品放在菜肴中间，会美化宴会的环境，增加食欲，使进餐者在饱尝口福之余，还能得到美的享受。

第二节　食品雕刻的地位和作用

中国烹饪之所以能享誉世界，首先贵在菜肴诱人的“色香味”直观美感，又妙在“形器饰”的艺术感染美，两者匠心独特的和谐结合，就成为食趣倍增，口福眼福兼享的美食工艺品，也就是菜肴的“卖相”。食品雕刻是在追求烹饪造型艺术的基础上发展起来的一种点缀、装饰和美化菜品的应用技术。

食品雕刻是我国烹饪领域中不可缺少的一部分，具有举足轻重的地位，对点缀菜肴、美化宴席起到重要的作用。食品雕刻以其独特的艺术风格，悠久的工艺历史和精湛的制作技术，赢得了人们的青睐和肯定。食品雕刻是一门综合艺术，是绘画、雕塑、插花、灯光及书画等综合艺术的体现，用这些形态逼真、寓意深刻的食品雕刻作品点缀菜肴，装饰宴席，不仅烘托了主题，增添气氛，还有赏心悦目，增加食欲的作用，因此，食品雕刻爱好者必须具备很好的审美眼光和艺术造型能力。

食品雕刻在烹饪中的作用主要表现以下几点。

一、美化点缀菜肴的作用

在菜肴制作中，食品雕刻能起到丰富菜肴色彩，达到美化的作用。用雕刻作品做的盛器，不仅起到衬托和保温等功能，还有烘托、装饰造型、表现情趣等审美作用。在筵席主菜上，精美的雕刻点缀能起到突出主菜的作用，但食品雕刻不能喧宾夺主，只能起到锦上添花的作用。

二、美化宴席，烘托气氛，突出主题

宴席在设计制作中，辅以精美的食品雕刻作品，则更能彰显宴席美，活跃整个宴席气氛，使人心旷神怡，食欲大增，对展示宴席美起到重要作用。尤其在大型宴会、冷餐会、酒会上，用果蔬、琼脂、冰雕等材料雕刻出人物花鸟等作品装饰点缀餐桌，不仅美化环境，也给人以美的享受。

同时，根据不同宴席的主题要求配以相应题材的作品，如“生日宴”配以寿星、松鹤、梅花鹿、寿桃等，“喜宴”多配以龙凤、鸳鸯等，让人对整个宴会的主题一目了然。

三、繁荣餐饮市场，提高企业的知名度

餐饮市场各地风味流派众多，特色鲜明。食品雕刻在日益竞争激烈的餐饮市场越来越显示出独特的魅力，具有很强的艺术展示性。作品不仅可以在橱窗陈列展示，而且在宾馆酒店的“明档”展示，还可以在节日庆典和美食节上制作主题展示，展示企业的品牌形象，突出企业的品牌特色，对提高企业的知名度，加快企业的发展具有重要意义。

四、弘扬祖国传统文化，促进烹饪的全面发展

食品雕刻是我国烹饪文化的重要组成部分，是祖国烹饪艺术的一朵奇葩。不论从它的历史发展还是现在的实际情况看，都一直受到中外人士的青睐。每每遇到精美的雕刻作品，顾客更是爱不释手。精美绝伦的作品可以和石雕、玉雕和木雕作品相媲美，使食品雕刻艺术显示出更大的发展空间。随着经济的快速发展，餐饮业亦向更高层次发展，顾客的品位在不断提升，期待着越来越好的作品出现。加强食品雕刻的研究和开发，对弘扬祖国

烹饪文化起到积极的作用，同时，食品雕刻技艺在繁荣经济，促进顾客消费方面发挥更大作用，也必将推动烹饪的全面发展。

复习思考题

1. 什么是食品雕刻?
2. 简述食品雕刻的由来和发展历史。
3. 食品雕刻的地位是什么?
4. 食品雕刻的作用是什么?

第二章 食品雕刻的基础知识

学习目标

1. 了解食品雕刻的性质、类别
2. 了解食品雕刻的原料及用途
3. 掌握各类食品雕刻工具的应用
4. 掌握食品雕刻的手法和常用刀法
5. 了解食品雕刻的工艺程序

第一节 食品雕刻的性质、类别

食品雕刻既是雕刻技术，又具艺术性，又近似于玉雕、木雕、与石雕等的本质，所以艺术灵感与造型创造的要求是相似的。但是由于雕刻原料不同，应用的场合、方式、时间不同，使用的刀具、刀法也有所不同，尤其操作的环境条件要求有很大的差异。因此，食品雕刻是一种需要在短时间内完成细致而有一定顺序的“柔性”工艺，也可以说是“瞬间工艺品”。食品雕刻是点缀菜肴或装饰筵席的，必须严格确保清洁卫生，确保健康。

食品雕刻的应用分为可食性与观赏性。可食性采用熟食品如蛋制品、火腿等，或水果、黄瓜等生食品雕刻制作；观赏性均采用瓜果与蔬菜根茎等雕刻制作。可食性雕刻多作为菜肴围边或分体立雕装饰附件，立体雕刻不论大小多属观赏性。

食品雕刻因受所使用原料和其他造型艺术的影响，形式各异。

一、食品雕刻按表现形式的分类

（一）整雕

整雕（又称圆雕）就是用一大块原料，雕刻成一个完整独立的作品，如龙、凤、孔雀等。整雕不需其他物体的支持和陪衬，具有独立性和完整性；单独摆设，具有较高的欣赏价值，如菊花、牡丹花等整雕。

（二）零雕整装

零雕整装（又称群雕）是指用多块原料，一种或多种不同的原料，雕刻某一题材或多个题材的各个部位或部件，再将这些部位或部件组装成一个完整的造型，如“鹤鹿同寿”

“仙女散花”等。其特点是选料不限，雕刻方便，成品结构鲜明，层次感强，形象逼真，适合形体较大或比较复杂的物体形象雕刻，要求制作者具有广阔的想象空间，独特的艺术构思与较强的制作能力。

（三）组装雕刻

组装雕刻是用一种或多种不同的原料，雕刻成某一主题的各个部位，然后再集中组合成完整的主题作品。特点是色调鲜明，形象逼真，雕刻艺术表现力较强。多适用于大型的雕刻作品，如“孔雀开屏”“雄鹰展翅”“九龙壁”等。

（四）浮雕

浮雕是指在原料表面雕刻出向外突出或向里凹进的图案，分凸雕和凹雕两种。

（1）凸雕，又称阳纹雕，把要表现的图案向外凸出地刻画在原料的表面。

（2）凹雕，又称阴纹雕，把要表现的图案向里凹陷地刻画在原料的表面。

凸雕和凹雕只是表现手法不同，却有共同的雕刻原理。同一图案，既可凸雕，也可凹雕，也可事先将图案画在原料上，再动刀雕刻，这样效果就会更好。冬瓜盅、西瓜盅、瓜罐等雕刻都属于浮雕。凸雕费功，速度慢，但成品效果好，形象逼真。

（五）镂空雕

镂空雕就是在原料表面插刻各种花纹图案，去掉其余部分，使原料刻穿成各种透花纹的雕刻方法。特点是图案玲珑剔透，色彩层次分明，作品艺术表现力强。多适用于各种瓜果类原料，如“西瓜灯”“龙凤冬瓜盅”等。一般在其成品中点放蜡烛，以其光线的自然色彩装点席面，烘托气氛。

（六）混合雕刻

混合雕刻即是大型组装雕刻，它是指制作某一大型雕刻作品时，使用多种表现形式。先雕刻，最后再组装完成作品。如“百鸟朝凤”“八骏图”“松鹤延年”“孔雀迎宾”等，都属于混合雕刻大型组装作品。制作这样的作品，有整雕的，有浮雕的，有雕刻的，还有背景衬托（如松枝、绿叶等），最后组装在一起，成为一幅完整的立体图案。这种作品适宜大型的宴会和展台布置以及美食节的布展。由于技术复杂，要求艺术性高，作品表现力强，故制作起来较困难。这类食雕作品都是由许多件整雕作品或部件组合起来的，场面大，气势宏伟，大多是围绕一个主题进行组合的，如“十八罗汉”“百花争艳”“组合瓜灯”等。

食品雕刻的造型表现形式类似绘画、雕塑，分为写实、写意两种形式。食雕写实形式类似工笔画或人像雕塑，须要求形象逼真、神情活现、比例恰当。例如花卉造型、动物造型多数采用写实形式。食雕写意形式类似抽象图案、漫画或几何形雕塑，不求完全像真，足求达意，可简化、变形或夸张手法表现，但是仍要突出主题的基本特征与含义。例如“嫦娥奔月”“五福临门”西瓜盅灯等造型，虽然具有像真的写实手法，但实质属写意形式。

食品雕刻造型也有主次区别，特别具有主题的食雕造型，必有主体造型与辅助的陪衬造型组成，两者相辅相成，相似于绿叶陪衬红花才显出完整的艺术韵味。因此，食品雕刻是一项技术性、艺术性并不亚于绘画、雕塑的工艺。

二、食品雕刻按照原料的分类

（一）果蔬雕

果蔬雕是用瓜果、蔬菜作雕刻原料制作美轮美奂的作品，是食品雕刻中的重要组成部分。作品易雕，使用面广。

（二）奶油雕

奶油雕也称黄油雕。最早源于西方的一种食品雕塑，常见于大型自助餐酒会及各种美食节的展台。黄油雕给人一种高贵典雅的感觉，可以提高宴会的档次，调节就餐的气氛，装扮出高雅的就餐环境。

（三）巧克力雕

巧克力雕是用巧克力块雕刻出各种花、鸟、鱼、虫，逗人喜爱，形象纯真。若是大型巧克力雕，应先做好骨架，然后抹上巧克力，再进行雕刻。

（四）糖雕

糖雕也称糖艺，是西点中的一项基本功，是用糖粉、蛋清、白砂糖等经过加工后雕成各种惹人喜爱的象形物。造型气势磅礴，尤其是浮翠流丹的色彩令人耳目一新。

（五）冰雕

冰雕是水在零度以下结冻而成的，具有一定的硬度，清澈透明，有自然冰和人工冰之分。用冰雕塑各种动物、人物及建筑，极为美丽、壮观。可雕刻成盛器，为菜肴的盛装载体，也可雕刻成小型花鸟、动物、人物形象等，可用于装饰餐桌，显得别致，引人注目。

制作好的冰雕冰体本身的温度在零下10℃为宜。过冷的冰雕置于空气中，空气水汽会立即在冰雕表面凝结成微冰晶而使冰雕透明度下降。

（六）豆腐雕

豆腐雕是用有一定体积的豆腐块在水中雕刻成一定造型的雕刻方法。雕刻手法要轻，要用水漂洗掉渣料，使图像清晰，大多以浮雕刻划为主要方法。

（七）琼脂雕

琼脂雕是用人工合成的凝胶冻经水泡发后，放入容器中，用保鲜膜密封，经加热溶化后倒入形状规则的容器内加色素调匀，冷却后雕刻花、鸟、鱼、虫等形象。作品莹润如玉，可与玉石玛瑙的雕刻作品相媲美，有很好的艺术效果。

第二节　食品雕刻的原料与应用

食品雕刻原料的选择，直接影响雕刻作品的质量。因此，在选择原料时应从造型、大小、色泽等方面着手，这样才能雕刻出理想的作品来。适用于食品雕刻的原料很多，具有一定的可塑性、色泽鲜艳、质地细密、坚实脆嫩、新鲜不变质等特点的各类瓜果及蔬菜均可。另外，还有很多能够直接食用的可塑性食品也可以作为食品雕刻的原料。

一、常见的食品雕刻原料的性质及用途

(一) 果蔬类原料

1. 白萝卜

白萝卜又分普通白萝卜和象牙白萝卜等品种（见图 2－1）。普通白萝卜呈长圆筒形，表皮光滑，个体较大；象牙白萝卜呈长圆形，质地嫩而细密，颜色洁白。可雕刻花卉、花瓶及整雕的鸟、兽、虫、草、人物、亭阁等。

图 2－1　白萝卜

2. 心里美萝卜

心里美萝卜，又称花心萝卜（见图 2－2），除了具有体大肉厚的特点外，最重的是色泽鲜艳、质地脆嫩，外皮呈绿色，内部呈粉红、玫瑰红或紫红色。由于它的颜色与某些花卉相似，所以雕刻出的花形逼真，如紫玫瑰、紫月季、牡丹、菊花等。除了用于雕刻各种花卉之外，它还可以雕刻一些鸟类的点缀物，如头冠、尾羽等。

图 2－2　心里美萝卜

3. 青萝卜

青萝卜，又称卫青萝卜（见图 2－3），是沙窝萝卜、葛沽萝卜和灰堆萝卜的统称，为十字花科两年草本植物，呈细长圆筒形，尾端玉白，皮青肉绿，质地脆嫩，形体较大，极耐储藏，它适用于雕刻形较大的龙凤、兽类、风景、孔雀、龙舟、凤舟、人物及

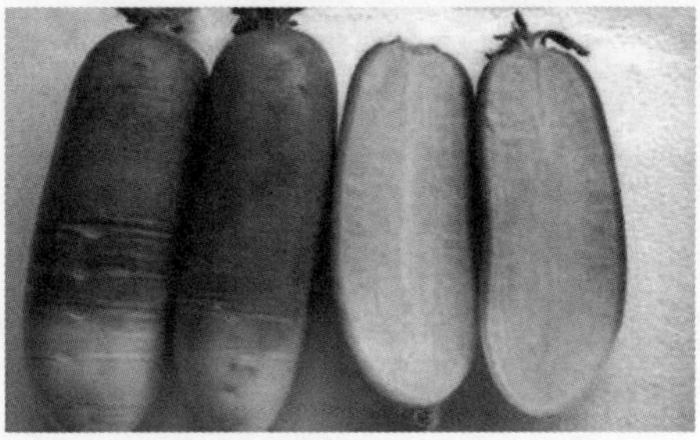

图 2-3 青萝卜

花卉、花瓶等。

4. 南瓜

南瓜，又称中国南瓜、北瓜、倭瓜、金瓜、番瓜、饭瓜等（见图 2-4），为葫芦科一年生蔓生草本植物，原产于中南美洲热带地区，我国各地广为栽培。外形呈长筒形、圆球形、扁球形、狭颈形等。一般常用长条形南瓜进行雕刻，长条形南瓜又有“牛腿瓜”之称，是雕刻大型食品雕刻作品的上佳材料。用南瓜雕刻的作品色泽滑润、细腻而柔和、美观而显气魄。南瓜适合雕刻黄颜色的花卉、各种动态的鸟类、大型动物，以及人物、亭台楼阁。空心的南瓜可用刻瓜盅、瓜灯、编织鱼篓、篮筐等。因此，南瓜是食品雕刻的理想材料。

图 2-4 南瓜

5. 胡萝卜

胡萝卜，又称红萝卜、丁香萝卜（见图 2-5）。胡萝卜肉质细密，呈圆锥形，皮色有红、黄、白等，以红、黄色为多，是雕刻菊花、月季花、牵牛花、喇叭花、梅花、金鱼、

图 2-5 胡萝卜

绣球等理想的原料。也常被用来刻制各种花卉的蕊，以及多种飞禽的喙、爪以及各种点缀性图案等，是一种用途广泛的刻花原料。

6. 芋头

芋头，为南天星科多年生草本植物，原产于东南亚，我国栽培较多（见图 2－6）。地下肉质球茎呈圆、椭圆或长条形，皮薄粗糙，雕刻中运用较多的是广西荔浦芋、台湾槟榔芋和竹节芋。选择时以形状端正、组织饱满、未长侧芽、无干枯损伤者为佳。芋头适合雕刻人物、禽兽及大型组合雕刻。

图 2－6　芋头

7. 冬瓜

冬瓜，又称白瓜、白冬瓜、枕瓜等（见图 2－7），为葫芦科一年生蔓生草本植物，原产于我国南部和印度。外形呈长圆筒形，大小因品种而异。果皮呈绿色，可见有淡绿色花斑，多数品种的成熟果实表面拥有绒毛和白粉，内空。洗净白粉，可以进行与西瓜相似的浮雕创作，一般主要用来雕刻大型的冬瓜花篮、甲鱼背壳和大型的龙船等。

图 2－7　冬瓜

8. 马铃薯

马铃薯，又称土豆、洋芋、洋山芋（见图 2－8），有的地方也叫山药蛋等。马铃薯种类很多，我国现栽培品种，外形有球形、椭圆形、扁平形、细长形；表皮有黄、白、红色；块茎肉质有白、黄两色，以白色为常见。马铃薯没有筋络，肉质细腻，以肉色洁白者

图 2-8 马铃薯

用途较普遍。适于雕刻花卉、动物和人物等作品。

9. 根甜菜

根甜菜，又称红菜头、甜菜根、紫菜头（见图 2-9），为十字花科二年生草本植物，根皮、根肉呈紫红色，横切面有紫色环纹。它是菜肴装饰、点缀及雕刻花卉的良好材料。

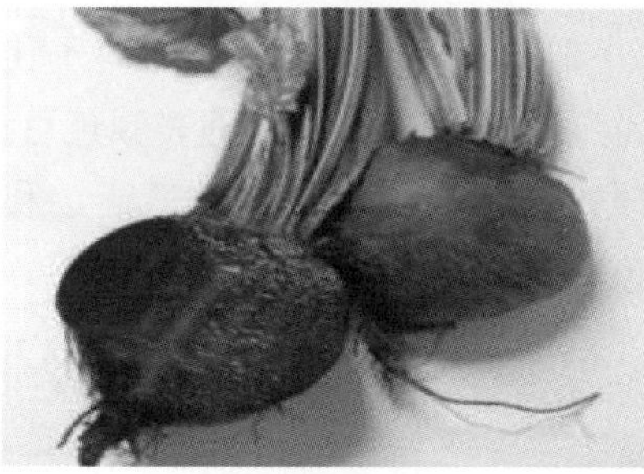

图 2-9 根甜菜

10. 莴苣

莴苣，又称青笋、莴笋、白笋等（见图 2-10），为菊科草本植物。莴苣的嫩茎。呈长圆筒形或长圆锥形，肉质细嫩且润泽如玉，多为翠绿色，亦有白色淡绿的。选择时以茎粗

图 2-10 莴苣

大、节间长、质地脆嫩、无枯叶空心者为佳。它可用于雕刻龙、翠鸟、菊花，各种小花、各种图案，以及服饰、绣球、青蛙、螳螂、蝈蝈等。

11. 红薯

红薯，又称番薯、甘薯、山芋、地瓜、甜薯、朱薯、枕薯等（见图 2－11），是常见的多年生双子叶草本植物，其蔓细长，茎匍匐地面，肉质呈粉红色、浅红色，有的也呈白色或有美丽的花纹，质地细韧致密。可用于雕刻各种花卉、动物、人物和假山等。

图 2－11　红薯

12. 西瓜

西瓜，为葫芦科（见图 2－12），原产于非洲，为夏季优良果品。西瓜为大型浆果，呈圆形、长圆形、椭圆形。西瓜品种很多，按其外表颜色可分为绿皮瓜、黑皮瓜、花皮瓜、黄皮瓜，由于其果肉水分过多，故一般是掏空瓜瓤，利用瓜皮雕刻瓜灯或西瓜盅，由于西瓜皮外表和肉质的颜色有深浅差异，故常取整个瓜，在其表皮上进行刻画创作，具有较高的艺术欣赏性。另外由于其瓜肉颜色艳丽，也可以雕刻成大型的花卉，如牡丹花。

图 2－12　西瓜

13. 哈密瓜

哈密瓜，又称甜瓜、甘瓜（见图 2－13），是甜瓜的一个变种，属葫芦科植物。哈密瓜分网纹、光皮两种：形状有椭圆、卵圆、长棒形等多种。色泽有绿、黄、白等。哈密瓜可以用来刻瓜盅、瓜灯、花篮，具有较高的艺术欣赏性。

图 2－13 哈密瓜

14. 黄瓜

黄瓜，又称刺瓜、胡瓜、吊瓜、青瓜、王瓜等（见图 2－14），为葫芦科一年生攀缘草本植物。常用于雕刻船、盅、青蛙、蜻蜓、蝈蝈、螳螂、花卉以及盘边的装饰。黄瓜皮可以单独制作拼摆的平面图案，也可根据需要与其他原料配合使用。

图 2－14 黄瓜

15. 西红柿

西红柿，又名番茄、洋柿子、洋茄（见图 2－15）。西红柿品种较多，按其形状可分为圆形、扁圆形、长圆形和桃形，按颜色分为大红色、粉红色、橙红色和黄色。西红柿色泽鲜艳光亮，成熟时皮肉颜色一致，因其果肉较嫩多汁，无法刻制出较复杂的形象，只能利用其皮和外层肉进行简单造型的花卉，如荷花、单片状花朵等。除此之外还可以作拼摆图案的拉花材料及小的点缀等。

图 2－15 西红柿

（二）其他原料

1. 蛋类

蛋类如鸡蛋、鸭蛋、松花蛋等，加工成熟后，改刀成形，用以雕刻点缀鸟的嘴、眼、翅以及各种花形、花篮、荷花、金鱼、玉兔、小鹿、小猪、仙桃等。

2. 鸡蛋糕

鸡蛋糕有红、白、黄、绿色，要选用一定面积和厚度、质地均匀细腻、着色一致的鸡蛋糕，主要用于雕刻龙头、凤头、亭阁等物以及较简单的花卉等。

3. 肉糕

肉糕有午餐肉、鱼泥肉糕等。这类的原料雕刻要求粗线条，主要显示轮廓，如宝塔、桥等，还可做辅助性原料，如翅羽、长羽及羽毛等。

4. 豆腐

豆腐有嫩豆腐和老豆腐两类，是我国传统的特产烹饪原料，色泽洁白，质地细嫩，多用于整雕，但由于其易碎，雕刻时多浸在水中进行。豆腐放入水中雕刻成龙凤呈祥、雄鹰展翅、金鱼戏莲等作品，极具欣赏价值。

5. 琼脂

琼脂是由石花菜或江篱（属红藻）精华经加热至溶化后，加以冷却凝固而成的海藻制品，半透明、果冻状，多用于整雕或拼盘垫底。琼脂雕刻方法与瓜果雕刻相同，可用雕刻大型的人物、动物等。其作品色泽鲜艳，如美玉一样，晶莹透明。琼脂材料还以反复使用。

6. 黄油

黄油是将牛奶中的稀奶油和脱脂乳分离后，稀奶油经搅拌而成的，呈固体形态，可雕刻各种奇异的花朵、动物、小鸟和植物。大型的黄油雕作品，必须做支架再进行刷奶油定型，之后再进行雕刻。

食品雕刻原料种类繁多，在雕刻原料中还常使用一些冰块、糖、巧克力、面、葡萄糖等，这些原料经过特殊的加工程序制作而成的作品，常用于大型的冷餐会、菜肴的点缀和衬托。

二、食品雕刻的取材原则

食品雕刻原料的取材原则是因造型取材、因形取材、因色取材。

（一）因造型取材

因造型取材就是依据雕刻造型的主题与构思设计造型的形状、姿态而选相适应的原料。例如雕刻龙船，最好选取弯形的大南瓜，以利于造型，使作品自然、生动、有趣；再如雕刻仙鹤、猴子，构思造型富有动态感的，就要选取有利于造型的奇形原料；雕刻花篮造型，选取表皮自然、花纹奇特美观的哈密瓜，或者表皮鳞状、结构奇美的菠萝，就会得到惟妙惟肖、事半功倍的美感效果。

（二）因形取材

因形取材就是由自然造型的原料来构思食品雕刻造型。例如生姜往往有自然、奇形怪状的特征，这就适合于猴子动态姿势造型的构思灵感，即可用于猴子雕刻造型；光怪陆离的生姜也是垒制假山雕刻造型“因形取材”的原料。

（三）因色取材

因色取材就是依构思造型所需的色彩而选取相适应的原料，或者依既有的色彩原料改变构思的配色方案，当然均要考虑原料的品种、质地以及加工的效果。

食品雕刻原料的取材也要考虑构思造型的体积大小，选取相适应的原料，尽量避免大材小用，最好是养成因形取材的习惯，不仅加工省时，而且效果也好得多。

食品雕刻的原料应用也有局限性，各种原料的适用范围受原料的质地、色彩、特征等条件的制约。因此雕刻原料的选材、取材就应该注意各种原料的特性，以取得较好的效果。如荷花雕刻造型，选取洋葱作原料，便能获得“以假乱真”的效果；其他花卉雕刻造型，选取含水丰富的萝卜、莴苣笋、土豆、南瓜，也能取得惟妙惟肖的效果；红花绿叶的雕刻选取红菜头、心里美萝卜做花朵，黄瓜、青椒做绿叶，便取得自然色彩的效果；雕刻孔雀、凤凰等禽鸟食雕造型时，就要选取相应色彩、质地的原料配色。番茄色彩鲜艳，但质地软，一般用作刻制荷花效果就不及洋葱好，只能作为配色或应用于围边小件雕刻造型；大白菜叶子作为水浪花造型；根茎刻制长丝菊花造型可像真的一样。这些例子都说明食品雕刻原料的应用有局限性。所以雕刻原料的选材、取材要恰如其分、恰到好处，既要灵活运用，又要“门当户对”，不能随心所欲。肉蛋熟食原料多应用在菜肴围边上作小型雕刻，中大型立雕造型均不用肉蛋原料，充其量作为陪衬作用。

食品雕刻原料中瓜果蔬菜有季节性，选取原料要求新鲜，因季节而异，要防止水分蒸发干燥或变质腐败，备用时要妥放于阴凉、湿度高的场所，或裹以塑料袋储存于冰箱、冷藏室。食品雕刻半成品或食雕作品的暂时保存，同样如此。

第三节　食品雕刻的工具应用

俗话说“手巧不如家什妙”，要学好或做好食品雕刻，应事先准备好一些必需的雕刻工具，主要是各种刀具。进行食品雕刻时也非常讲究刀具的性能，刀具越锐利，雕刻的作品就越干净利落，整体效果就越好。用于食品雕刻的刀具以锋利、灵便为原则，宜轻薄而不宜沉重、厚笨。雕刻工具的材料多为不锈钢、铜皮及其他金属。根据刀具的用途不同可以分为十余种，常用的刀具主要有切刀、主刀、戳刀、掏刀、模具刀、挖球器等。

一、切刀

切刀，又称分刀，形似水果刀，刀头较尖，长度为 12～20 厘米，以锋钢为宜，白钢更好，刀身宜薄，主要用于大形原料的定型，切平接口、切段、切块、切条、切丝，以及对原料进行横切、纵切、斜切。常用在切削面积较大的原料上，也是雕刻泡沫的常用刀具之一。切刀在食品雕刻中运用范围广，如去掉萝卜两端的废料，或者将萝卜横切两段。在花色冷拼制作中，切刀更是不可缺少的。

二、主刀

主刀，又称平面刻刀、手刀，是雕刻的主要刀具（见图 2－16），刀刃长 6～8 厘米，宽 0.8～1.2 厘米，以白锋钢打造的最好，刀身以窄而尖为好。主刀是雕刻绝大多数品种的必备刀具，用途极广，既适合大型雕刻，又可微雕，故称万用刀。运刀锋利流畅及易转弯是其特点，有些熟练的雕刻师甚至用这把“万能刀”能从头至尾雕刻全部的作品。

图 2－16　主刀

三、戳刀

（一）圆口戳刀

圆口戳刀，又称 U 形戳刀（见图 2－17），按开口尺寸不同可以分为 5～8 种型号，这里归纳为 3 种型号来介绍：小号圆口戳刀主要用来戳花卉的花心、打槽、旋动物的眼睛、刻鸟类的羽毛等，凡较细的图案图形适宜用小号圆口戳刀；中号圆口戳刀是比较常用的，可以戳各种花卉的花瓣，如菊花、西番莲、鸟类翅膀的羽毛，还有各种弧形、圆形等部位都使用中号圆口戳刀；大号圆口戳刀和中号圆口戳刀的使用基本相同。

图 2－17　圆口戳刀

（二）三角戳刀

三角戳刀，又称 V 形戳刀、尖口戳刀（见图 2－18），刀刃横断面呈三角形，主要用于雕刻一些带齿边的花卉、鸟类羽毛、浮雕作品的花纹等，其执刀、运刀方法与圆口戳刀相同。

图 2－18　三角戳刀

（三）挑环刀

挑环刀，又称拉环刀（见图 2－19），主要使用刀口带勾的部分进去雕刻，是雕刻西瓜灯时拉环雕刻中常用的刀具。

图 2－19　挑环刀

四、掏刀

掏刀是一种灵活运用特殊运刀技能并结合特种刀具使用的高级技法（见图 2-20），特种掏刀最大的特点在于它运刀方面比传统 U 形刀、V 形刀等更加灵活、快捷，处理过的作品表面光滑无刀痕，可以处理戳刀或主刀无法达到的深度及死角，还可以大大提高制作雕刻作品的速度，一般制作时间可节省一半以上，比如说制作有深度的花卉、鸟类的身体细节、动物的肌肉骨骼血管、人物的脸部和衣纹、瓜的线条等。它可以广泛应用于各种材料的雕刻，如果蔬雕刻、巧克力雕刻、琼脂雕刻、豆腐雕、黄油雕刻等。

图 2-20 掏刀

（一）V 形掏刀

V 形掏刀可以用于带线条的一切雕刻作品，如制作鸟的绒毛、动物的毛发、鳞片、翅膀、尾羽、衣服褶皱、瓜盅线条、文字等或戳刀、主刀无法处理到的死角，一切细线图形均可雕刻出来，用途极广。

（二）U 形掏刀

U 形掏刀可以用于制作有深度的花卉、鸟类的脸部及身体细节、动物的肌肉骨骼血管、人物的脸部和衣纹、瓜盅的线条或戳刀及主刀无法处理到的死角等。

除上述刀具外，成套刀具还备有多种造型的模压刀具，如鸡心形、双喜字、瓦楞形和旋刻小圆球的勺形刀具等。

食品雕刻刀具除上述外，从实际需要来说，还必须备有小镊子和三角、圆形小木杵等工具。小镊子是夹取、黏结小加工件或嵌禽鸟动物眼珠的专用工具；小木杵是修磨 V 形、U 形刀具刃口的专用工具，另外还需备胶水以及长短竹签，这些都是修补或黏结分雕组合食品雕刻造型的必备材料。

第四节 食品雕刻的手法、刀法

食品雕刻的手法是指掌握刀具的方法，也就是手握刀具的执刀姿势规范。雕刻每个造型的全过程，总要变化不同部位与形状，因此手握不同刀具的方法、姿势也要相应随着变化，才能运刀自如、得心应手。例如雕刻花卉，从原料切削成毛坯，再逐层刻或旋刻出几层花瓣，又去除余料，最后刻出花蕊的全过程。

一、常见的雕刻手法

（一）执笔手法

执笔手法是指拇指、中指、食指握刀姿势（见图 2－21），如握钢笔、铅笔手法，无名指、小指自然向手心。运刀时刀具上下左右移动。例如雕刻禽鸟羽毛、鱼鳞片、鱼鳍尾线纹、花瓣、花蕊及浮雕、镂空去余料，及雕刻圆孔、动物眼球孔等，均采用执笔手法，在运刀时为确保运刀部位的准确性，无名指与小指要紧贴加工件作“靠山”支点，例如雕刻禽鸟羽毛、鱼鳞片，及西瓜盅、冬瓜盅灯浮雕、镂空时，均须用此手法。

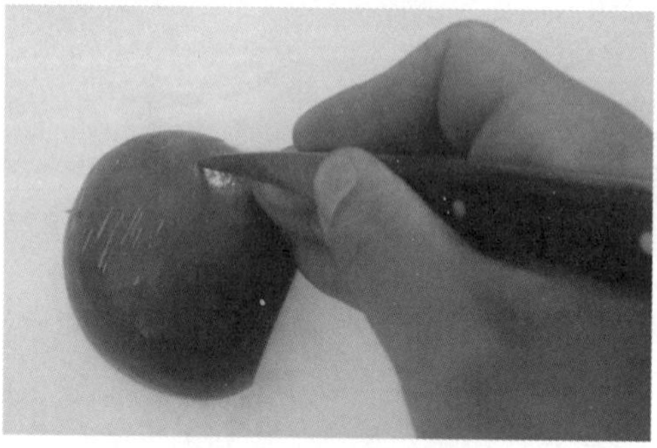

图 2－21　执笔手法

（二）横握手法

横握手法是指四指横握刀柄，拇指紧贴刀刃后侧。运刀时拇指要紧贴原料（见图 2－22），如削果皮方法，四指上下运刀，边削边移动，拇指跟着下移，仍紧贴原料。变换部位仍同样执刀，例如刻制花卉毛坯，片刻花瓣，修整造型，去除花瓣、禽鸟羽毛与鱼鳃下余料等，均采用横握手法。

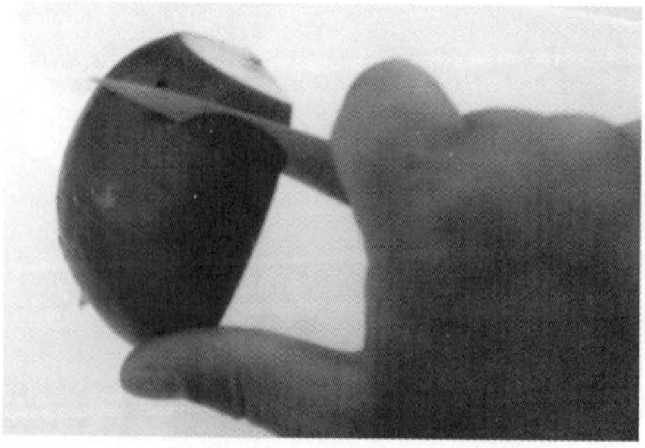

图 2－22　横握手法

（三）直握手法

直握手法是指四指纵握刀把、拇指贴于刀刃内侧的执刀手法（见图 2－23）。运刀时，腕力从右至左匀力转动，此种手法适用于雕刻表面光洁、形体规则的物体，如各种花卉的坯形、圆球、圆台等。

图 2－23 直握手法

（四）戳刀手法

戳刀手法与执笔手法大致相同（见图 2－24），区别是小指与无名指必须按原料上以保证运刀准确，不出偏差。此种手法主要是用来握戳刀的，常用于羽毛、菊花等雕刻。

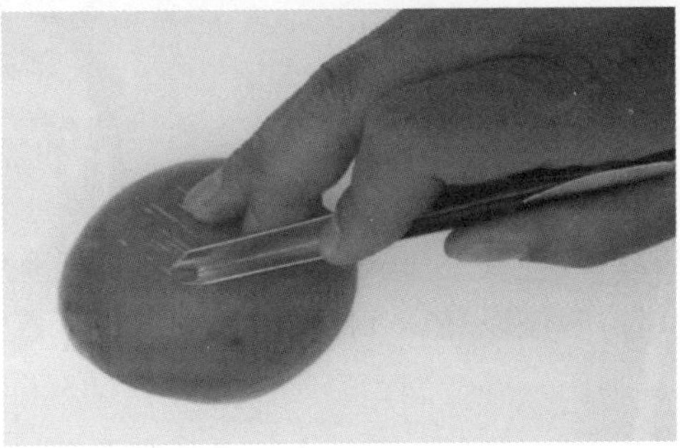

图 2－24 戳刀手法

二、食品雕刻的刀法

食品雕刻的刀法，即刀具的运刀方法，也就是刀具切削运动的形式。它随雕刻加工件的部位形状而定。具体的刀法有以下几种。

（一）削

削是指用横握手法，切削原料成毛坯、雏形，或修整加工件定型、抛光的刀法。一般有推削与拉削两种。

（二）旋

旋是指以螺旋形运刀缓慢旋刻花瓣（牡丹、马蹄莲）的刀法。分由外向里旋刻与由里向外旋刻区别。采用横握手法。一般用平面刀、弧面刻刀操作。

（三）戳

戳是指用笔握手法，将戳刀插进加工件一定深度运刀的刀法。雕刻禽鸟羽毛、鱼鳞片、花瓣花蕊、线条纹等均用此刀法。

（四）刻

刻是指用笔握手法，以尖刀或戳刀刻出各种花纹造型的广义刀法。用途较广，根据刀与原料接触的角度可分直刻与斜刻两种。

（五）切

切是一般用平面刻刀或小型切刀操作，它是一种辅助刀法，很少单独用来雕刻成形。

雕刻造型繁复的大型立体食雕，往往要不断变换不同刀具与相应的运刀手法、刀法，还要靠变化的手腕功力才能运刀自如。这是三者是相辅相成的关系。只有经不断实践，方能逐步熟练而熟能生巧、应付自如。

第五节　食品雕刻的工艺程序

食品雕刻的操作有一定工艺程序，不能先后更易，造成不必要的返工，影响作品质量。食雕的工艺程序就是：命题、构思、选料、布局、制作、组装点缀六道程序。

一、命题

命题是食品雕刻创作的先决前提。确定雕刻什么内容的作品，必须要先确定主题，即命题。通常是根据宴席主题，选择作品的素材，精心设计造型。一般应注意以下三点。

（一）要尊重民族风俗习惯

雕刻作品要尊重民族风俗习惯以及宾客的喜好厌恶。例如，我国的结婚宴上常用“龙凤呈祥”“鸳鸯戏水”“双喜临门”等造型；寿宴常用“松鹤延年”“鹤鹿同春”“老寿星”等作品为雕刻题材等。日本人喜用荷花；美国人较喜爱山茶花；泰国人较喜爱睡莲等。对伊斯兰教应忌用猪类或类似猪的动物造型。

（二）要具有积极向上的意义

雕刻作品要具有积极向上的意义并体现出艺术性。例如，我国国宴招待外宾选用“迎宾花篮”“友谊常春”为主题较适宜，这样能体现出热烈欢迎和友谊长存的含义。

（三）要有季节性

雕刻题目要有季节性。例如雕刻花卉四季品种不同，一般要求应对时令，也可根据需要打破常规，冬天雕刻的花就会令人感到春意盎然。

二、构思

命题确定后即可进行构思。先构思命题内容的造型规格、形式，然后构思符合命题的雕刻造型设计蓝图初稿，反复修改确定最后构思的造型图稿。

三、选料

构思设计图稿既定，便可进行雕刻所需原料的选料。选料要考虑构思造型相适合的主副原料，包括品种、色彩、形状、体积、质地以及必需的陪衬美化装饰原料。

选料时既要考虑原料的大小、形状，也要考虑原料的品种及季节因素，冬天可多用萝卜、芋头，春季可多用南瓜、牛腿瓜等，而夏天可多选用西瓜、冬瓜等。有些原料的形状不太规矩，如有的萝卜或南瓜呈弯曲状或奇形怪状等，可充分利用这种特殊形状雕出一些富有创意的作品来。

四、布局

布局就是依据构思图稿进行具体设计，包括主体造型的形象、姿势、神态与辅助造型的形象如何配合以及必需的装饰美化如何加强效果，还要统筹主辅造型与美化装饰如何安排，比较确定最后方案。

五、制作

制作即依照布局的最后方案进行实际操作。实际雕刻加工也有先后顺序，主体造型随内容不同也有先后顺序，辅助造型与美化装饰总是在主体造型完成后进行。

这一步最为关键，雕刻制作这一关做得不好，其他环节的努力都是毫无意义的。因此，要求厨师要有扎实的雕刻基本功、娴熟的技法和一丝不苟的工作态度，技术也要非常全面，不仅能雕花鸟类简易的作品，还要能雕龙凤、牛马、鱼虾、瓜盅、瓜灯及人物等较复杂的作品。

六、组装点缀

现在使用的食品雕刻作品，不论大小，都需要黏结和组合，有些作品是在较大的作品上再配小的部件，如凤凰需要粘上翅膀、尾羽、凤冠等；有些作品是若干个小的作品，如鱼、虾，通过假山石、云朵、浪花等粘在一起，形成一个大的作品。粘时要注意构图美观，造型生动，不要死板。

雕刻品经过精心雕刻处理后，即进入最后完成阶段。为了进一步增加形象的艺术感染力，应对一些主要的关键部位进行必要的点缀，以突出艺术形象的神质，起到画龙点睛的作用。例如，“蛟龙”的须、舌，“仙鹤”的长腿，“雄鹰”的双眼以及花等细微部分，在细软脆嫩的原料上雕刻，很难达到形体逼真和色彩的跳跃感。因此，需要选择一些色度差别较大的食用原料，恰当地安嵌在物象的特定位置，从而突出雕刻形象的艺术效果。

雕好的作品摆在盘中或餐台上，要把作品的最精彩部分展现给客人，作品中的瑕疵部分要想办法用绿叶、云朵等遮挡修饰一下。西瓜灯内可放置特制的小灯泡，作品中可放干冰以烘托气氛。

总之，要使完成的食品雕刻造型达到形象悦目，比例恰当，色彩调和，神态逼真自然，符合命题的要求，完全与筵席、宴会、酒会的性质主题相适应协调，达到预期的效果。这样才算完成食品雕刻的工艺规律程序。

复习思考题

1. 食品雕刻按表现形式分为哪几种？
2. 什么是组合雕刻？其特点是什么？
3. 食品雕刻有哪些原料？分别可以雕刻哪些作品？
4. 简述食品雕刻使用的工具。
5. 简述食品雕刻的手法和刀法。
6. 简述食品雕刻的工艺程序，并举例说明。

第三章 食品雕刻造型艺术

学习目标

1. 根据各种食品雕刻作品的特征选择合适的原料
2. 掌握正确的雕刻刀法和手法
3. 掌握各种雕刻作品的雕刻技法和应用

第一节 花卉雕刻

花是植物的繁殖器官，卉是草的总称，它们分布世界各地、种类繁多、千姿百态、气味芳香，有自然生长和人工栽培两种，被人们称为花卉。另外，具有观赏价值的灌木和可以栽培的小乔木也被统称为花卉。根据不同的地区、不同的气候，生长的花卉也截然不同，其寿命也有长短之分。花卉有独特的生态特征，而且每种花卉都有其不同的象征和寓意。

花卉是学习食品雕刻的入门基础造型。学习食品雕刻从花卉开始，主要是逐渐掌握刀法的运用与握刀手法要领，由浅入深，由易到难，循序渐进，便能熟悉雕刻操作技艺的要领梗概。掌握了各种花卉的造型雕刻方法，就能举一反三学习构思雕刻其他内容的造型。

雕刻花卉的原料宜选用色彩鲜艳、新鲜脆嫩、质地细密、结实不空、富含水分的瓜或蔬菜根茎。每种花卉各有适用原料，有的具有通用性。

花卉的雕刻根据刀法的运用与握刀手法不同，可分为直刀花卉、旋刀花卉、戳刀花卉。

一、直刀花卉

直刀花卉就是运用横握手法，通过直刻的刀法进行操作，雕刻花卉成型。在雕刻实践中，荷花、茶花、牡丹、兰花等均运用此种方法。下面以荷花为例进行讲解（见图 3－1）。

（一）造型特征

荷花花瓣宽大有突尖，每层 5 个花瓣，共 2～3 层，层次清晰有序，紧密分布，向花蕊有众星拱月形态，花色有白色、粉色、玫红等。荷花有清秀、雅杰、纯净的美誉，十大名花中荷花被授予“出淤泥而不染”的雅誉。

（二）象征花语

荷花代表洁白、高尚、谦虚、坚贞、纯洁。

图 3-1　荷花

（三）原料

白萝卜、心里美萝卜、青萝卜、南瓜等。

（四）工具

切刀、直刻刀、戳刀。

（五）工艺流程

1. 制坯：下料后，用大号直刻刀打圆，将原料制成上部直径为 7～9 厘米、底直径 3 厘米、高为 5 厘米的球冠形。

2. 刻花瓣：用直刻刀刀尖在花坯上均匀地刻出五个花瓣的形状，再用直刻将每个花瓣刻出。刻完第一层花瓣后，用直刻法刻去一层中间的原料，仍保持其球冠状，按上述方法继续刻。刻花瓣时必须格外小心，以免碰断。

3. 刻花蕊：第三层花瓣刻成后，用直刀直刻法将中间原料刻小，使其呈现莲蓬形。用小号圆口刀在花心坯体上面戳几个圆柱形小孔，安上同样大小青萝卜或南瓜的圆柱作为莲籽，荷花即刻成。

（六）技艺要点

1. 荷花层次不能超过四层；花瓣大小外层最大，依层次递减。

2. 每一层花瓣之间废料一定要去除干净。

3. 花蕊要比睡莲大一倍，用圆形戳刀刻莲蓬小孔要均匀；荷花与睡莲相比，花形、花色不同，性质相同，只是表现形式不同，一个亭立于水上，一个平卧于水面。

4. 技术关键（见图 3-2）。

（1）　（2）　（3）

图 3-2　荷花雕刻的技术关键

(七) 应用范围

荷花可以和鸳鸯、白鹭、鱼类、荷叶等搭配，即可作盘饰，也可制作组雕看盘。如鸳鸯戏水、年年有余等。

二、旋刀花卉

旋刀花卉就是运用横握或执笔手法，通过直旋或握刀旋的刀法进行操作，雕刻花卉成型。在雕刻实践中，月季花、马蹄莲、牵牛花等均运用此种方法。

下面以月季花为例进行讲解（见图 3－3）。

图 3－3 月季花

(一) 造型特征

月季花是一种比较常见的花，花香宜人，沁人心脾，形大而艳丽，有大红、紫色、淡蓝、粉红、白色等。有三瓣和五瓣月季，此花层次密而不乱，重叠而生，给人一种高雅、幸福、美满的感觉，是历代文人骚客舞文弄墨的对象，也是一个较好的雕刻素材。

(二) 象征花语

高贵、纯洁、美丽、尊敬。

(三) 原料

土豆、心里美萝卜、南瓜等。

(四) 工具

主刀。

(五) 工艺流程

1. 取半个心里美萝卜，用主刀削出五个花瓣的初坯。

2. 用横刀手法刻出第一层五片花瓣，去废料。

3. 在第一层两片花瓣之间旋刻出第二层的五片花瓣，再用旋刀法刻出第三层花瓣，也要相互交错。雕刻到第四层开始收花心，花瓣边缘要薄便于定形。

4. 旋刀收完花心，泡水再用手给每个花瓣整理形状，整形时中指在下顶住花瓣，食指和拇指往下轻压即可（见图 3－4）。

图 3-4 月季花雕刻

（六）技艺要点

1. 第一层花瓣五个对称分布，其余各层呈旋向花心分布。
2. 每层花瓣大小逐层递减，花心部最小。
3. 每层花瓣顶端、底部稍厚，中部要薄，花瓣顶部呈卷边。
4. 第二层开始旋刻花瓣要带弯形，前后旋刻花瓣要留些间隙，也要有些错位呈自然形态。
5. 花瓣之间去废料一定要干净利索。
6. 技术关键（见图 3-5）。

(1) (2) (3)

图 3-5 月季花雕刻的技术关键

（七）应用范围

月季花可用于热菜的点缀以及展台、看盘的装饰和补充等。可以制作月季花瓶，和鸟类组合制作鸟语花香等作品。

三、戳刀花卉

戳刀花卉是利用戳刀工具，运用执笔的握刀方法，利用戳的刀法进行操作，制作花卉。在雕刻实践中，菊花、西番莲、睡莲等均运用此种方法。

下面以月菊花为例进行讲解（见图 3-6）。

（一）造型特征

菊花也称艺菊，在中国有三千多年的栽培历史，品种达千余种，属名贵观赏花卉。按生态特征可分为短瓣菊、瓣菊、短瓣菊花冠肥大，有平瓣、管状瓣和匙状瓣之分。

图 3-6 菊花

(二) 象征花语

菊花被视为高雅的象征，代表着名士的斯文与友情，深受古代文人的喜爱。

(三) 原料

白菜、心里美萝卜、南瓜等。

(四) 工具

主刀、戳刀。

(五) 工艺流程

1. 选心里美萝卜一根。去皮切成 8～10 厘米的段。

2. 头朝上、小头在下，把小头修成两厘米大的圆作底。用小号 U 形刀的大头从上往底部戳出外层菊花瓣。

3. 再依次将一圈的花瓣戳出。

4. 去除第一层花瓣留下的废料，再雕出第二层花瓣。

5. 同样的方法雕出 3～5 层花瓣，第 6 层收花心即可。

(六) 技艺要点

1. 花丝的粗细、长短、厚薄要均匀。

2. 花丝的根部要连接，花丝戳到距底部 2 毫米。

3. 每层的余料要修得光滑。

4. 戳花心时花丝要包住，小心不要掉丝。

5. 技术关键（见图 3-7）。

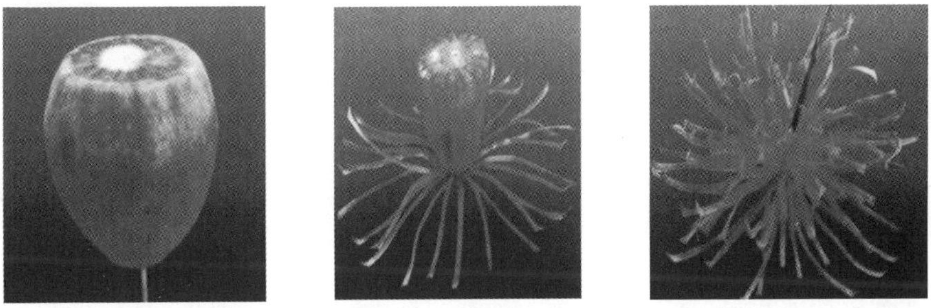

(1) (2) (3)

图 3-7 菊花雕刻的技术关键

（七）应用范围

菊花可用于热菜的点缀以及展台、看盘的装饰和补充等。可以和花瓶、花篮及鸟类组合制作作品。

花卉雕刻制作除上述三种制作方法之外，还可以通过粘花和串花等方式，即便捷而且还节省原料，造型自然大方逼真。

第二节　禽鸟雕刻

禽鸟概述：禽鸟包括家禽，天上飞的，地上走的，水上游的统称为禽鸟（见图 3－8），大小种类繁多，形状千姿百态，在动物世界里也算一个大家族。食品雕刻禽鸟造型，为高档筵席、宴会、酒会或冷餐会主题，借喻祝愿宾主喜庆情谊，活跃宴会情绪气氛，是很受欢迎的。

图 3－8　禽鸟

食品雕刻禽鸟造型工艺主要掌握突出各禽鸟的体形和动态特征，也就是要体现出各鸟的头、颈、身、翅膀、尾、爪、羽毛及瞬时动态八个特征，才算上品。即使采用变形夸张的形式，也要突出这几个主要特征。

雕刻禽鸟造型品种繁多，但操作工艺有一个共同点，即依据上述八个特征先刻一个毛坯即定大型，再依照所构思的造型，依次雕刻出头部，然后颈、胸、翅膀、身、尾、足、爪，之后雕刻陪衬的造型。

还有一种定大型的方法是，依照构思造型的大小、高低把原料先切削成长方块或几何形，然后再按上述的顺序操作。这种方法对初学者来说很适合，初学者往往因估计不足，等到头部刻好以后会发现禽鸟造型的身体、尾部、足部尺寸不够而造成原料报废。这种方法避免了此现象的发生。

一、禽鸟头部

禽鸟头部可分为上面、下面、颜面三部分。禽鸟的头部包括眼、嘴、脑门、腮部等，各种禽鸟的特征不一样，头部的特征区分最明显，头部有的有头翎，有的就没有。鸟嘴有的是长嘴、勾嘴、短嘴，有的还是扁嘴。

为了更好的掌握鸟头的雕刻技法，下面介绍几种禽鸟头部的雕刻技法。

(一) 喜鹊头

喜鹊头，见图 3-9。

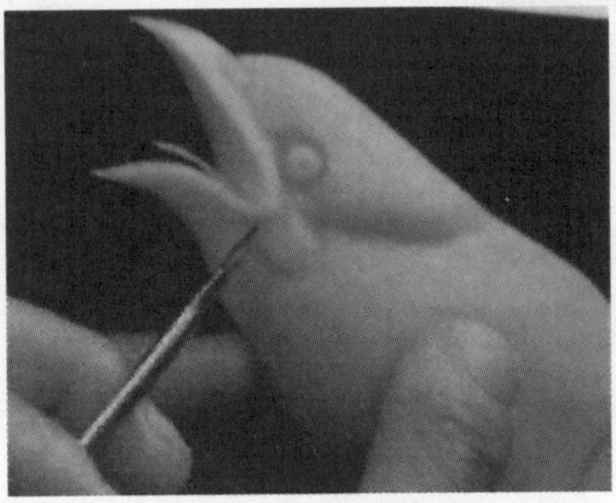

图 3-9 喜鹊头雕刻

1. 原料：南瓜。

2. 工具：主刀、掏刀、戳刀。

3. 工艺流程：

(1) 主刀刻出鸟的额头，应带一定的弧度，这样可以使鸟头更符合身体的比例要求。

(2) 确定鸟嘴的宽度，便于下一步开鸟嘴，主刀取出鸟的额头和嘴巴之间的距离，使层次感体现出来。

(3) 主刀取出鸟的上嘴，注意嘴的弧度和张开角度，取出鸟的下嘴，下嘴比上嘴短。

(4) U 形刀开出喜鹊的头翎，深度要深一些，能显出层次感，主刀开出眼睛，眼睛一定要圆才有神。V 形掏刀开出喜鹊脸上的绒毛。

(二) 鹰头

鹰头，见图 3-10。

图 3-10 鹰头雕刻

1. 原料：南瓜。

2. 工具：主刀、掏刀、戳刀。

3. 工艺流程：

（1）用主刀在原料的两侧开一刀，确定鹰头嘴巴的宽度。开鹰嘴一定要张得大一点，并注意鹰嘴上的钩，要表现出力度。

（2）取出鹰嘴上的废料。主刀开出鹰眼，鹰眼一定要圆，并且有一半眼睛在眼眶下面，看起来更凶猛。

（3）主刀开出鹰的鼻孔，鼻子应该比一般的鸟类大一些。

（4）用主刀或V形刀开出鹰脸上的毛发，要有力度，用V形掏刀刻出鹰脸上的绒毛，取出鹰上嘴的废料。

（三）公鸡头

公鸡头，见图3-11。

图3-11　公鸡头雕刻

1. 原料：南瓜。

2. 工具：主刀、掏刀、戳刀。

3. 工艺流程：

（1）用主刀刻出鸡的额头，注意带有一定的弧度，取出上嘴的废料。

（2）雕刻出鸡的舌头，注意舌头的长度不要超过下嘴，鸡的上嘴要比下嘴长。开出鸡的下嘴，留出下嘴的玉坠。

（3）用U形刀戳出头翎，深度要深一些，能显出层次感，用手刀刻出公鸡的肉坠。

（4）取出鸡上嘴的废料，用V形掏刀开出公鸡头上的绒毛，安上鸡冠即可。

二、禽鸟翅膀

禽鸟造型有一个共同点，就是各种禽鸟的翅膀结构规律大致相同，只是长短、大小有差别。禽鸟的翅膀羽毛自前到后的分布是小羽、中羽、大羽；小羽为鱼鳞状，中羽稍长些，大羽最长。大羽在禽鸟飞翔时运动的角度最大，功能最主要，所以大羽也称飞羽。

根据翅膀张开的大小角度，可分为闭合时、微张时、飞翔时三种造型。

禽鸟造型的翅羽操作方法，不论翅膀张开飞翔的角度大小，或者休息闭合，雕刻翅羽造型时先雕刻出1～2排鱼鳞状小羽，再雕刻稍长的中羽，最后雕刻最长的大羽。当然要随着翅膀的造型形状相应排列分布。

（一）简易翅膀

简易翅膀，见图3－12。

图3－12　简易翅膀雕刻

1. 原料：南瓜。
2. 工具：主刀、戳刀。
3. 工艺流程：

（1）用主刀刻出翅膀的大形。执笔刀法刻出翅膀的边缘，注意层次要清晰。

（2）用执笔刀法刻出第一层小羽，要注意层次感，用U形刀戳出第二层中羽，注意不要一刀戳到底，以免泡水后过度卷曲。

（3）用U形刀戳出第三层大羽，注意不要戳的太深。用主刀取下雕好的翅膀即可。

（二）精细翅膀

精细翅膀，见图3－13。

图3－13　精细翅膀雕刻

1. 原料：南瓜。

2. 工具：主刀、戳刀。

3. 工艺流程：

（1）先用主刀刻出翅膀的大型。一定要注意翅膀的力度。

（2）执笔刀法刻出第一层小羽，注意要有层次感。

（3）用主刀和U形刀戳出第二层和第三层飞羽及全部羽毛。

三、禽鸟尾部

禽鸟尾部的羽毛结构规律大致相同，尾羽也有大小、长短、阔狭之分，但是同样小羽在前大羽在后，有的还有边羽。从禽鸟的尾羽来说，形状有差别，有平尾羽、圆尾羽、弯尾羽，燕子的剪尾羽、寿带鸟的长剪尾羽、孔雀的开屏尾羽、凤凰的几条长梳状尾羽、锦鸡的几条剑形尾羽、家禽鸡鸭的尾羽又是另一种形状。

四、禽鸟整体造型设计

（一）鸟的造型分析

1. 按中国画总结出一套简便的起稿方法：鸟不离球、蛋、扇，这是说鸟头为球形，鸟的躯体为蛋形，鸟尾为扇形。

在雕刻操作过程中根据鸟的绘画方法，在原料表面勾勒出鸟的大体形态进行雕刻，这样定型叫图画法；鸟的身体结构由几何图形组成，如身体是椭圆形，鸟脖是梯形等，在雕刻定型过程中应用最多，叫几何法。

2. 按照块面的形式可将禽鸟划分出四个体面，即鸟背一个面，腹部一个面，躯干两侧两个面共计四个面，鸟头、鸟尾、鸟腿都可以用四个块面来划分。

在雕刻过程中运用图画法画出鸟体四个面以后，用主刀把四面多余料去除定大型的刀法叫四刀定型法，刀工要精湛，每一刀去料不能断，定出大型后细加工，把鸟的特征雕刻出就可以了。

（二）禽鸟的整体雕刻造型设计布局

1. 当雕刻的作品是两只鸟时，最好一只在上，另一只在其对面的下方，这样上边的鸟俯视，下边的鸟仰视，遥相呼应。

2. 两只禽鸟在呼应的同时，首尾随姿态变化也要变化，做到灵活多变。

3. 要注意到禽鸟是此作品中的主体物，一定要大一些。树枝是附属体要小一些，树枝只能作为陪衬物来衬托主体。

4. 禽鸟在构图设计时重心一定要稳，在雕刻每一件作品时，都要先考虑到它的重心是否稳定。

5. 雕刻的作品应注意鸟的视线要集中在主题上，要做到聚散得体，尤其是禽鸟，要充分体现食虫、啄食、舒羽、栖、欲飞、戏等状态，使其富有情趣，形象逼真、传神，有生活习性。

6. 禽鸟陪衬物应与禽鸟生活习性相吻合。

(1) 猛禽类，一般配松柏、怪石、枯木、云彩、水浪等。

(2) 水禽类，例如鸳鸯、鹅可配荷叶、芦苇及其他水中植物。

(3) 家禽类，例如鸡可配瓜果、蔬菜、竹编、篱笆等。

(4) 仙鹤，一般配松柏、云彩；孔雀和凤凰，一般配山石、树木、牡丹、月季等。

(5) 各种杂鸟，一般配各种花卉、果实、树木等。

(三) 禽鸟造型设计工艺流程

1. 喜鹊的雕刻技法

(1) 生态特征：喜鹊是雀形目鸦科鹊属的一种长尾鸟类，又名鹊（见图 3-14）。成年喜鹊全长 45 厘米，身体黑白两色，翅膀为蓝绿色。全世界均有分布，欧亚大部可见，非洲北部和北美洲西部也可见。

图 3-14 喜鹊

喜鹊是自古以来为人们所喜爱的鸟类，是好运福气的象征，寓意吉祥、喜庆、如意。

(2) 原料：牛腿南瓜、芋头、白萝卜、胡萝卜、青萝卜等。

(3) 工具：主刀、大切刀、掏刀、戳刀、502 胶水。

(4) 工艺流程：

①选一根略带弯度的南瓜，左右处切下两片料留作翅膀用。

②将原料一头削成斧刃形，用图画法勾出喜鹊的大体轮廓，用主刀雕出喜鹊的嘴及身形的上半部。

③应用四刀定大型的技法，将喜鹊划分成四个面，确定翅膀形、腿、尾部。去掉喜鹊身上的四个棱角线，细致雕出腿，用 U 形刀戳出喜鹊的尾部。

④把①切下的两片料，削出喜鹊的翅膀头及翅膀外轮廓。将翅膀头的上部分料去掉，划分羽毛结构。刻画出所有飞羽结构，去掉多余废料，雕好一对翅膀。

⑤把雕好的翅膀和身体组装一起，底座雕刻假山、花草即可。

⑥技术关键（见图 3-15）。

(1)　　(2)　　(3)

图 3－15　喜鹊雕刻的技术关键

(5) 技艺要点：

①喜鹊的整体造型要活，四刀定型下刀要准确；

②尾部要雕刻灵活；

③翅膀要雕刻的细腻张开，和身体动态相符合；

④点缀组装要恰到好处。

(6) 应用范围：喜鹊作品在婚宴、寿宴、庆功宴、庆典宴、家人聚会等宴会中使用，寓意吉祥喜庆。例如，喜鹊与梅花组成"喜上眉梢""喜鹊登梅"，喜鹊与铜钱组合成"喜在眼前"，喜鹊与石榴组合成"喜得贵子"，喜鹊与桥组合成"鹊桥相会"，两个喜鹊组合表示"喜上加喜""双喜临门"。

2. 天鹅的雕刻技法

(1) 生态特征：天鹅属鸭科，体形高大，约有 155 厘米，天鹅嘴黑、嘴基有大片黄色，黄色延至上喙，侧喙成尖（见图 3－16）。分布在世界各地，过着群居生活，是一种非常漂亮的鸟，天鹅寿命在 20～50 年，冬季因食物短缺而有一层薄薄的羽毛，翅

图 3－16　天鹅

膀边缘是红色的，膀尖为内白色，不论在陆地是在水中，经常把一只脚蜷起，用一只脚站立。

天鹅喜欢在湖泊、沼泽地带，主要以水生植物为食。

天鹅保持着一种稀有的“终身伴侣制”，不论取食还是休息时，都要成双成对，古往今来，人们都把天鹅视为洁白而美丽的化身。

（2）原料：白萝卜、胡萝卜、南瓜。

（3）工具：主刀、大切刀、掏刀、戳刀、502胶水。

（4）工艺流程（见图3－17）：

图3－17 天鹅雕刻的工艺流程

①选一根白萝卜，左右处切下两片料留作翅膀用。

②将原料一头削成斧刃形，用图画法勾出天鹅的大体轮廓。

③应用四刀定大型的技法，将天鹅划分成四个面，确定膀形、腿、尾部。用胡萝卜雕刻嘴粘在头上，去掉天鹅身上的四个棱角线，身体抛光，细致雕出腿，用U形刀戳出尾部。

④把①切下的两片料，削出膀头及膀外轮廓。将膀头的上部分料去掉，划分羽毛结构。刻画出所有飞羽结构，去掉多余废料，雕好一对翅膀。

⑤把雕好的翅膀和身体组装一起，底座雕刻浪花、水草即可。

（5）技艺要点：

①天鹅的头部要刻得逼真，粘嘴时要衔接好。

②脖子的弧度要控制好，刀走“S”形，线条要自然。

③天鹅飞翔造型动态要自然潇洒，头、颈向前，两足缩起，爪向后方，两翅膀的飞翔动态要美，天鹅的尾羽不长，并微向上翘。

④点缀水浪要自然，恰到好处。

(6) 应用范围：天鹅作品在热菜中可以做盘饰点缀，在筵席、展台、看盘制作中应用广泛，即可和浪花、塔桥等组合作品“天鹅湖”，也可两只天鹅和心形玫瑰组合作品“心心相印”等。

3. 锦鸡的雕刻技法

(1) 生态特征：锦鸡属雉科（见图 3－18），雄鸡身 140 厘米，雌鸡身长 60 厘米。在海拔 2000～4000 米的山地生活，不善飞翔，生性好斗，栖于山坡草丛、灌木间，羽色华贵，尾较长，美观大方，富有装饰性。雌鸡如鹌鹑色，雄鸡颈、腰、冠为橙黄色，背上部绿色、下部褐色，股腿外侧尾羽为暗红色，颈羽加黑斑，长尾羽有黑斑纹，善奔跑，头上有小冠羽。

图 3－18　锦鸡

锦鸡寓意吉祥、富贵华丽、锦上添花之意。

(2) 原料：南瓜、白萝卜、胡萝卜、青萝卜等。

(3) 工具：主刀、大切刀、掏刀、戳刀、502 胶水。

(4) 工艺流程：

①取一长南瓜原料，在原料的两侧用主刀切下两片原料备作翅膀料，在原料的一端用主刀修成斜斧子刃形。

②用图画法在原料上勾勒出锦鸡的轮廓，之后用四刀定大型的技法，雕刻出锦鸡身体的四个面。

③在斜斧刃料上端雕出锦鸡的上嘴及头顶部，用小号掏刀划出锦鸡头部结构，把身体棱角抛光，用 U 形刀戳出锦鸡尾部弧度。

④用主刀划出护尾翎及尾部绒毛，取一细长料，用 V 形刀戳出大尾翎上的筋线，用掏刀划出大尾翎两侧的羽毛纹路，将雕好的两个大尾翎粘在锦鸡的尾部。

⑤把①切下的两片料，削出膀头及膀外轮廓。将膀头的上部分料去掉，划分羽毛结构。刻画出所有飞羽结构，去掉多余废料，雕好一对展开的翅膀。

⑥把翅膀装上，点缀花卉、假山、枝干即可。

⑦技术关键（见图 3－19）。

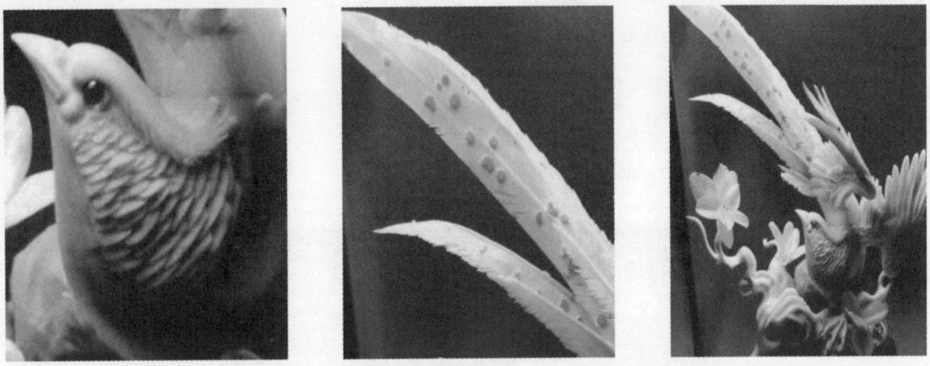

(1)　　(2)　　(3)

图 3-19　锦鸡雕刻的技术关键

(5) 技艺要点：

①锦鸡定大型刀法要准确，把头羽留出。

②头部雕刻刀法精细，特征要明显。

③锦鸡的长尾要华丽多彩，颜色搭配恰当，粘接身体处要处理得当。

④整体造型要动态灵活，因此翅膀粘接角度要找好，恰当点缀花草。

(6) 适用范围：锦鸡作品适合于喜宴、升学宴和一些大型的庆祝宴会，和牡丹、芙蓉搭配有“锦上添花”之意，和长城、建筑组合作品“前程似锦”“锦绣河山”。

4. 孔雀的雕刻技法

(1) 生态特征：孔雀属鸡形目，由于生长的地域不同，其形态特征也有差别，有蓝孔雀、绿孔雀、白孔雀、黑孔雀之分（见图 3-20）。蓝孔雀产于印度与斯里兰卡；绿孔雀产南半球及我国的西双版纳；白孔雀属家禽，经人工饲养。孔雀喜欢成双成对，极少单独行动，有足够的飞行能力，其尾部有长 150 厘米的尾屏。孔雀被视为“百鸟之王”，是最美丽的观赏鸟，是吉祥、善良、华贵的象征，每年 4 月开屏次数最多。

图 3-20　孔雀

孔雀的头部较小，头上有竖立的羽毛，嘴较坚硬。雄鸟的羽毛很美丽，有很长的尾羽，而雌孔雀无屏羽，羽毛色彩也较差。

（2）原料：南瓜、白萝卜、胡萝卜、青萝卜等。

（3）工具：主刀、大切刀、掏刀、戳刀、502 胶水。

（4）工艺流程（见图 3-21）：

图 3-21　孔雀雕刻的工艺流程

①取一长南瓜，呈斜度固定在底座上，将南瓜去皮，用主刀在南瓜上端开一斜斧子刃形。

②在斧子刃上雕出孔雀头，用主刀依次往下雕出孔雀的脖颈及腹部，用主刀去掉脖颈上的棱角线，用掏刀划出脖颈结构，用主刀划出头与脖颈上的羽毛。

③用主刀依次雕出孔雀的腿及尾羽外轮廓，戳出护尾雕，刻出护尾翎，左右各三条。

④另取南瓜薄片雕刻出两个张开的翅膀。

⑤取长方形南瓜厚片雕刻出小的尾翎，之后切片均匀的从后往上粘在孔雀的身上，护尾下面。

⑥用主刀雕刻出冠羽安在头顶，安装上翅膀。

⑦雕刻出假山、枝干，点缀花卉即可。

⑧技术关键（见图 3-22）。

(1)

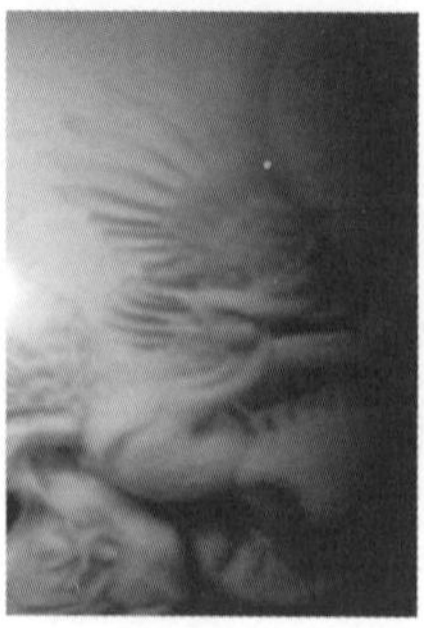

(2)

(3)

图 3-22　孔雀雕刻的技术关键

(5) 技艺要点：

①孔雀额头是三角形，头上的冠羽一定要“奇、特、美”，粘尾羽时一定要展开，造型要绚丽多彩。

②孔雀的尾羽形状如狭长的鱼身骨，两边呈梳状，末端可以用雕刻心形的胡萝卜片或车厘子点缀美化。

③孔雀的动态型除开屏外，两足的站立姿势可一前一后，也可一站一提脚；头的方向也宜自然的左右盼或后顾。

④孔雀的陪衬造型宜素淡，色彩太艳会冲淡孔雀的绚丽高雅美姿。

(6) 适用范围：孔雀作品适应于各种宴会、酒会、冷餐会。即可制作看盘，也可以制作大型展台。寓意吉祥如意、高雅富贵，代表作品有“孔雀迎宾”“花开富贵”等。

5. 凤凰的雕刻技法

(1) 生态特征：凤凰是人们想象中的神禽，大自然当中是不存在的，凤凰是吸收了自然中飞禽特点的一个综合体，堪称鸟中之王（见图 3-23）。凤凰为八似之物，即锦鸡的头、鹦鹉的嘴、孔雀的脖、鸳鸯的身、仙鹤的足、大鹏的翅、孔雀的毛、公鸡的肉坠。

图 3-23 凤凰

凤是凤凰的总称，它可以分为雏凤、奕凤、凤凰三个阶段。雏凤是指幼凤；奕凤是指成长的凤；凤凰是指成熟的凤。凤凰具体可分为凤和凰两种，雄者为凤、雌者为凰。

凤凰和龙一样是中华民族特有的传统标志，它象征着吉庆、安宁、祥瑞和高贵，比喻美满的爱情。它是美丽的化身，能腾云驾雾，飞到哪里，哪里就会变得生机勃勃，充满灵气。

(2) 原料：南瓜、白萝卜、胡萝卜、青萝卜等。

(3) 工具：主刀、掏刀、戳刀、502 胶水。

（4）工艺流程（见图 3-24）：

图 3-24　凤凰雕刻的工艺流程

①取一长的南瓜，去掉头和根，在最上端削成斧刃形，在斧刃形料的上端先雕出凤嘴及头羽。

②依次往下雕出下颌的肉坠，并将凤的身形分解为四个面定大型，用主刀把棱角抛光，再雕出下面的足。

③用 V 形刀将脖子上的羽毛戳出，再戳出尾部护羽。

④取一块南瓜刮去表皮，先用双线拉刻刀拉刻出凤尾羽骨，呈“S”形。用掏刀及主刀刻出凤尾翎细节，要呈飘逸形状，共三条护尾翎粘在护羽下。

⑤另取两块南瓜薄片刻出凤的一对翅膀形状，用掏刀刻出中羽，注意内侧是由外向里排列等规律，再刻出大羽。

⑥选一块小薄料，用主刀雕刻出凤冠，再雕刻一对相思羽。

⑦底座雕刻出假山、枝干、花卉点缀，最后组装完成。

（5）技艺要点：

①凤凰是民间传说吉祥物，其体形特征出自孔雀的变形虚构，作为俊秀、美好、吉祥的化身。因此，构思造型只能依据传统规范，也可适当夸张冠羽、尾羽的特征美，对公凤凰也可夸张相思羽的造型。

②构思凤凰造型同样忌凤头、身、尾成一条线形态，尽可能使凤头与凤尾方向不同，尤其要求凤尾的三条凤尾翎动态要自然多姿多彩。

③凤凰的羽毛及翅、尾羽要刻得清晰突目，羽下的余料要去除，以突出立体感。

④凤凰的两腿、足趾姿态要自然，忌呆板并站，宜一站一提，腿足屈曲角度可以自然

任意，但也要考虑与整体动态相匹配。

⑤构思不站立的凤凰造型，只要动态美同样有好效果。

⑥技术关键（见图 3-25）。

(1) (2) (3)

图 3-25 凤凰雕刻的技术关键

（6）应用范围：凤凰造型即适合于热菜的点缀，也可制作筵席看盘、大型展台的组合和布置装饰，代表作品有“丹凤朝阳”“百鸟朝凤”“凤戏牡丹”“龙凤呈祥”等，适应于家宴、喜宴、升学宴、寿宴。

第三节 畜兽雕刻

一、畜兽概述

兽类是动物界中进化程度最高的自然类群，兽类属于脊椎动物中的哺乳纲，都是由爬行类进化而来的。从进化的程度来说，可分为原兽类，如鸭嘴兽、针鼹等卵生动物，它们是兽类中最原始的一类；其次是后兽类，这一类动物虽较原兽类进化程度高些，但也属于古老低等的一类；生兽类是最高等的哺乳动物，是脊椎动物甚至整个动物界中进化地位最高的类群。

食品雕刻畜兽造型的品种很多，均可采用象形或变形、夸张卡通式的形式构思塑造，但是必须事先了解清楚筵席或宴会的宾主宗教信仰及风俗习惯，或者少数民族的禁忌、忌讳习俗，不能构思雕刻不相宜的畜兽造型，以免产生不必要的麻烦。

食品雕刻畜兽造型受人们欢迎而乐于欣赏的有：“骏马奔腾”（马）、“任重道远”（骆驼）、“牧童短笛”（牛）、“稳如泰山”（白熊）、“文质彬彬”（熊猫）等主题造型，汉民十二生肖属性的生日食雕“生肖造型”是食雕常用的品种。

雕刻畜兽造型除突出各畜兽的体形特征外，重要的是要突出各畜兽的瞬时动态特征，又要选取一个最佳角度构思造型来反映，必要时也可以用夸张的手法突出动态的特征部分，以取得更好的效果。

二、畜兽整体造型设计

（一）畜兽类造型分析

通过雕刻手法表现兽类，要做到比例结构准确、神态形象、动感、自然、特征分明。

（二）兽类在造型上的形式和表现手法

根据动物的内部结构和外部特点、动物的生活环境和习惯，分析和认识动物的体形、动态性格、习性等，并结合写实、夸张、装饰的手法来塑造完美的兽类形象。

1. 结构

结构是指形体解剖关系不同的动物有各自不同的结构特征。

2. 比例

比例，世界上的一切动物都有它自身的比例尺度，根据形态的伸展、蜷缩、蹲伏、跳跃等，结构也出现不同的变化。

3. 体形

动物的体形大致可分为三类：肥型、瘦型、肥瘦相间的中间型，往往动作迟钝的兽类体形肥胖，反应敏捷的兽类多偏于瘦型。

4. 兽类的动作神态

兽类通常所表现的动态有立、卧、行、奔、跃、抓、挠、蹬、滚、啃、叫、食、扑、咬、舔。神态有竖身、直脖、白眼、张嘴、张鼻孔、翘尾、夹尾，抬头、挺胸、低头、垂胯等。势态有欲飞、欲跳、欲屈、欲舞、欲伏等各种姿势。

（三）畜兽类造型设计

1. 对整体姿态及重心垂直的要求

在设计兽类时一定要提前将兽类姿态进行合理安排和布局后设计基本动势，作品雕完后重心一定要稳，不能倾斜。

2. 对陪衬物的要求

在设计兽类的造型时，根据兽类的基本特征，生活习性、与陪衬物联系在一起，如设计一头雄师造型，就要想到以杂草、岩石、枯木、森林等做陪衬物，从而烘托气氛；设计骏马造型时最好采用浪花、云朵或杂草，这样能渲染出骏马的英雄气势。

三、畜兽造型设计工艺流程

（一）马的雕刻技法

1. 生态特征

马是草食性家畜，在四千多年前被人类驯服，马在古代主要被用做交通工具和农业生产。

马的头面平直偏长，耳短、四肢长、骨骼坚实、肌腱和韧带发育好（见图 3－26）。马的颜色有黑色、栗色、褐色、奶油色和白色等，马对气味和声音的辨别能力很强，路途识别能力也强，能从数百里以外返回原地。马的平均寿命为30～35年，最长可达60年。马的祖先是生活在五千多万年前新生代，随时代变迁和进步，形成了现在的马。

图3-26 马

2. 马的寓意和应用范围

马腿长，快速奔驰，是人类不可缺少的忠实伙伴。马的肌肉发达，奔跑的姿势非常健美、潇洒，是成熟、稳健、力量向上的象征。适应用于热菜的点缀、看盘的布置装饰以及大展台的组合，可用于开业宴、奠基宴、饯行宴、商务合作宴等。

3. 原料

南瓜、芋头、红薯、青萝卜等。

4. 工具

主刀、掏刀、戳刀、502胶水。

5. 工艺流程

（1）取一根带弯度的南瓜，去掉根部，在有弧度的上端再黏合一块料，便于雕刻马头。

（2）用主刀先将原料的最上端下刀，雕出马头及马脖子，用大号掏刀拉刻出马头的眼眶、凸起鼻部和脸部，用中号掏刀刻出嘴的唇线，用主刀刻出嘴的细节和牙齿。

（3）将整体马的外形轮廓，采用四个块面来划分，再将马腹部以下的岩石雕出。

（4）取一块薄斧刃料，黏合在马脖子上，用主刀划出马鬃飘摆的弧度。

（5）身体抛光去掉多余棱角，用主刀将马修饰光滑，再用U形掏刀刻出马身上及腿部的肌肉块，这样增加马的力量和结实感。

（6）取一块南瓜料用主刀刻出马尾大形，用V形掏刀刻出马尾线条。

（7）用青萝卜雕刻出青草粘在底座上，安上马尾即可。

（8）技术关键（见图3-27）。

6. 技艺要点

（1）雕刻马的造型难度在马面的塑造、四肢、尾巴的动态刻画，以及全身部分比例的掌握。

(1)

(2)

(3)

图 3－27　马雕刻的技术关键

(2) 相对来说，马头、马面与马身的肌肉感造型是雕刻马造型的关键，话说："牛头、马面"，就是道出了雕刻或绘画牛与马形象的关键。

(3) 马的造型必要时也可采取局部分雕组合形式，马头、尾巴分雕插接黏合。

(4) 大型立雕马的造型，往往要雕刻陪衬造型为马的点缀兼支持点。

(二) 梅花鹿的雕刻技法

1. 生态特征

梅花鹿为中型鹿（见图 3－28）。体长 1.3～1.5 米，肩高 0.85～1.0 米，尾长约 0.2 米，体重 80～130 千克。体为棕红色，有白色斑点，酷似梅花而得名，头略圆，颜面部较长，鼻端裸露，眼大而圆，眶下腺呈裂状，泪窝明显，耳大直立。颈细长，躯干适中。四肢细长，主蹄狭尖，侧啼小，尾短，臀部有明显的白色块斑。体毛棕色，夏毛较鲜艳，白色梅花斑明显，冬毛略比夏毛深，有绒毛，但无白色斑点，有的仅隐约看到。

图 3－28　梅花鹿

仅雄性具角，共有四叉，眉叉向前斜伸，与主干呈一钝角，第二枝位较高，因此常被误认为它没有第二枝，主干在末端分成两小枝。幼兽体色较鲜艳，体背及体侧有密集的白色斑点。

2. 梅花鹿的寓意和应用范围

古人称鹿为仙兽。鹿，谐音“禄”，包容高官厚“禄”和“福”的含义，“梅花鹿”与“梅花榜”有一定联系，是以前绍兴读书人美好的象征。梅花鹿常和寿翁一起出现，寿翁配有葫芦，寓意“福禄寿”。

梅花鹿造型适用于热菜的点缀、看盘的布置装饰以及大展台的制作，常用于圣诞展台和圣诞老人组合，与仙鹤、寿星组合作品应用于寿宴等。

3. 原料

南瓜、芋头、红薯、胡萝卜等。

4. 工具

主刀、掏刀、戳刀、502 胶水。

5. 工艺流程（见图 3－29）

（1）取两根芋头粘接成略有弯度的形状，在原料的两侧去掉厚皮、切成薄梯形，再取其中一块薄料顺长接在主原料上面，待用。

（2）用主刀先从原料的最前端下刀，雕出鹿头上半部，用胡萝卜修鹿角的外轮廓。

（3）依次将鹿的整体身形用四个面定出来，根据动态雕刻出四肢，再将下面的山石雕出。

（4）细致雕出鹿眼及鹿身上的结构。去掉棱角线，将鹿的整体身形修饰光滑。用胡萝卜镶嵌梅花在脊背。

（5）雕刻一对鹿耳朵粘上，把鹿角修整好，装上小尾，点缀绿草即可。

图 3－29　梅花鹿雕刻的工艺流程

6. 技艺要点

（1）梅花鹿一般都做奔跑状，在雕刻时要身体动态灵活、线条优美，比例恰当。

（2）雕刻梅花鹿的造型难度在头部的塑造，要消瘦有骨感，鹿角要张开，长度适度。

(3) 鹿腿要修长，四肢安装组合要和身体比例得当。

(4) 雕刻整体造型时，要雕刻陪衬造型为其点缀兼支持点。

(三) 龙的雕刻技法

1. 龙的概述

龙是不存在于生物界中的一种虚拟的生物，我们现在看到的龙为“九似之物”——角似鹿、头似驼、眼似鬼、项似蛇、腹似蜃、鳞似鲤、爪似鹰、掌似虎、耳似牛（见图3－30）。龙虽不存在于生物界，但它来源于生物界，是多种动物的综合体。龙起源于原始氏族社会的图腾崇拜，它是由许多动物图腾综合起来的虚拟物。龙的形象主要来源于蛇，奉龙为图腾。随着历史的发展，龙的演变和升华乃至最后成为“中国神龙”，成为中华民族发祥和文化的象征。

图3－30 龙

龙是人们心中的神物，威风神勇，能上天入地，呼风唤雨，翻江倒海，有一种不可抗拒的力量和威严，象征着强盛、威武、积极向上和不可侵犯。因各民族、各地区的理解不同，龙的雕刻方法也多种多样，形式也千变万化。龙的凶猛主要取决于它的隆鼻、张嘴、獠牙、凶眼、翘角以及胡须长鬃发等，给人一种威严、凶猛之感。

龙的雕刻作品主要有“龙腾盛世”“龙马精神”“龙凤呈祥”等，适用于热菜的点缀、看盘及大型展台的单独使用、组合和布置展台、装饰等，适用的宴席有国宴、商务宴、招待宴、团拜宴等。

2. 原料

南瓜、白萝卜、青萝卜、胡萝卜等。

3. 工具

主刀、掏刀、戳刀、502胶水、竹签等。

4. 工艺流程

(1) 龙头造型的工艺流程（见图3－31）：

图 3－31　龙头造型的工艺流程

①取一小块南瓜。

②将其用主刀切开成长梯形。

③在梯形料最前端下刀，雕出水须及鼻尖。

④沿鼻梁到额头，依次雕出龙眼。

⑤用主刀沿鼻翼后面下刀划出龙嘴的弧度和獠牙。

⑥依次雕出龙耳及龙腮，将龙头的龙角根部雕出。细致调整出龙头、额、角及胡须。

⑦取一块长斧刃形原料，雕出龙角。再取一块大斧刃形原料，用主刀在上边划出弯曲飘摆的龙发，并划出发丝。

⑧取两块薄斧刃料，用主刀划出龙须，另一块薄料，用主刀划出舌头。再取一块薄斧刃料，用主刀在上边划出腮刺。

⑨取一小块料，用 V 形刀戳出龙眉。

⑩所有部件雕完后进行组装完成。

（2）龙尾造型的工艺流程（见图 3－32）：

图 3－32　龙尾造型的工艺流程

①取一块长薄斧刃料。

②用平口刀在薄斧刃的最上端下刀成曲线划出龙尾的上半部。

③依次划出龙的分支，主尾和次尾。

④将龙尾、龙身全部雕出。

⑤用平口刀细致划出龙身上的鳞片和龙尾上的纹路。

⑥取一长薄料，用平口刀划出龙的背鳍。

⑦进行组装完成。

(3) 龙爪造型的工艺流程（见图 3 - 33）：

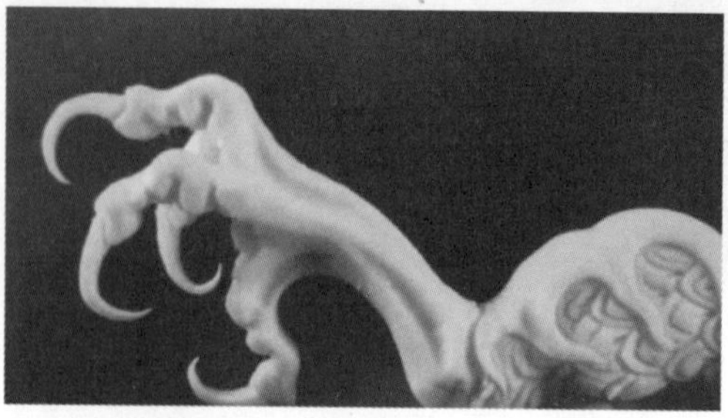

图 3 - 33 龙爪造型的工艺流程

①取一长斧刃原料。

②用平口刀先在最前端雕出龙爪尖及小腿、大腿的上部。

③再依次将小腿及大腿的下部雕出。用平口刀划出大腿上的火焰和鳞片。

④取小料两块，分别雕出龙爪上的外爪和内爪。

⑤进行组装完成。

(4) 整龙造型的工艺流程（见图 3 - 34）：

图 3 - 34 整龙造型的工艺流程

①取一长原料，去掉头与根部。用刀将原料分成四等份。

②取其中一份先成弧度雕出龙脖颈一段，再依次雕出龙身中间一段和尾部一段。

③取一块薄斧刃料，用刀划出龙尾。

④将三段龙身进行组合。将粘接组合后的龙身，划分出腹甲。

⑤取斧刃原料两块，分别雕出龙的两条前腿。

⑥取一梯形原料细致的将龙头雕出。

⑦取一长薄料，用刀划出龙嘴里吐出的水柱。再取一块原料，雕出云彩卷及支撑的浪花。

⑧取一薄料，依次将龙身背鳍雕出。

⑨将所有雕成的附属体与龙身进行组装。细致刻画龙身，完成。

5. 技艺要点

(1) 龙是民间传说的吉祥物，其体形特征由九种动物的部分体形特征虚构组合而成，作为高贵、威严、吉祥的化身。因此，构思龙的造型也只能依照传统规范，也可适当部分夸张突出，例如龙爪、龙尾、龙角、龙牙、龙须、龙发。

(2) 龙的造型部分变形、简化、夸张手法，常见的有：龙牙只刻上下两只大尖牙；龙发只刻长发，不刻短发；龙口腔内附刻龙舌，或加圆珠；龙角刻成像鹿角；龙爪放大夸张；龙尾刻成金鱼尾波浪形等。

(3) 构思龙的造型可以多种多样，如卧龙、飞龙、垂直穿入云霄的龙、回旋的龙、盘龙、空中俯冲的龙等，或者具有主题造型的“双龙抢珠”“蛟龙戏珠”“盘龙吸水”，或与凤凰组合的“龙凤呈祥”“龙飞凤舞”“游龙戏凤”等，题材多，形式丰富，不胜枚举。

(4) 突出龙的造型动态，除龙身祥云的变幻无穷与艺术处理不同形态外，龙头、龙尾、龙足、龙爪的动态角度变化以及龙口的大小均可表现出来。

(5) 构思与龙有关的造型，往往离不开云的造型陪衬，祥云的变幻无穷与艺术处理造型，作适当的巧妙布局，更能烘托龙的动态精神，风采倍增。

(四) 麒麟的雕刻技法

1. 麒麟的概述

麒麟是中国古人创造出的虚幻动物（见图 3 - 35），这种造型是把那些备受人们珍爱的动物所具备的优点全部集中在麒麟这一幻想中的神兽的建构上。在中国众多的民间传说中，关于麒麟的故事虽然并不是很多，但其在民众生活中都实实在在地无处不体现出它特有的珍贵和灵异。从其外部形状上看，头部像龙头、尾巴像牛、蹄子像马，它被古人视为神兽、仁兽。麒麟长寿，能活两千年。能吐火，声音如雷。

麒麟，是仁慈和祥瑞的象征，是祥瑞之兽、吉祥神兽，主太平、长寿。比喻为杰出之人品德高尚、地位崇高，用麒麟的高洁祥瑞赞颂拥有者的高贵品质。麒麟只在太平盛世出现，集祥瑞寓意于一身，神性通灵显贵，又有“麒麟送子”之说，寓意麒麟送来童子必定

图 3 - 35　麒麟

是贤良之臣。麒麟可辟邪、并能招财进宝，既体现了赠予者的尊崇之心，又是为拥有者的财富及子嗣送上一片真情和吉祥，使其家庭和睦，事业昌隆。

麒麟造型作品主要有“麒麟玉书”“麒麟送子”“麒麟祥瑞”等，适应的宴席有国宴、商务宴、招待宴、满月宴。

2. 原料

南瓜、白萝卜、芋头、胡萝卜等。

3. 工具

主刀、掏刀、戳刀、502胶水、竹签等。

4. 工艺流程

(1) 取一弯形南瓜的实心部分，根据麒麟的姿态，刻出身体的大坯，身体似马的形态。

(2) 用掏刀刻出麒麟的前后大形，不要开得太瘦，用手刀和掏刀修出麒麟的四肢，修整成型。

(3) 用手刀划出身上的鳞片。将其余的原料刻成云彩状。

(4) 另取一块南瓜，用主刀刻出龙头的大形以及龙嘴的弧度，龙嘴的弧度一定要大才气势。用主刀刻出龙眼和龙的牙齿，龙眼要大，龙牙要尖要弯。刻出龙的鬃发。注意毛发的弯度要有飘逸感。

(5) 另取一块料刻出麒麟的尾巴（即龙尾）。

(6) 将头、尾巴粘在麒麟的相应部位，安上背鳍即可。

(7) 技术关键（见图3-36）。

(1) (2) (3) (4)

图3-36 麒麟雕刻的技术关键

5. 技艺要点

(1) 麒麟的脖子和身体要有弯度，动态似马一样灵活多变。

(2) 龙头雕刻要有气势，龙牙要尖要弯，鬃发的弯度要有飘逸感。

(3) 麒麟的四肢要刻的动态灵活，注意着力点。

(4) 雕刻鳞片时要去掉很多废料，所以在定麒麟大形时，提前留出一定的原料，以免刻了鳞片后身体变的过小。

(5) 头部、尾部安装时要和身体动态一致，比例恰当。

(6) 搭配玉书、云彩等点缀要恰当，不要喧宾夺主。

第四节　水产、昆虫雕刻

一、食品雕刻水产造型

食品雕刻水产造型品种不多，常见的有鱼、虾、蟹，其中又以鱼应用最多。食雕水产造型的主题如：鲤鱼的“鲤鱼跳龙门”“年年有余”；金鱼的“金玉满堂”“金鱼戏荷”“金鱼吐珠”等；神仙鱼的“神仙会”“神仙乐园”等；虾蟹的造型主题除了“虾兵蟹将”外，多数作为菜肴围边中的点缀。

雕刻鱼的造型往往要辅以水的动态形象衬托。所谓“鱼儿离不开水”，就说明鱼与水的密切关系，二者是相辅相成、相映成趣的。没有水的造型烘托，鱼的造型即使很活很美，显不出它的“生命感”，这就是视觉效果。所以，雕刻鱼的造型，鱼与水的动态感要求越活越好，才能达到视觉上有像真的一样的效果。从艺术观点来说，就是鱼与水的形态达到形似神似。

虾蟹造型要以写实形式“像真的一样”制作是不容易的，一般采用变形、夸张的手法制作，只求基本特征突出，色彩逼真就可以。

(一) 虾的雕刻技法

1. 生态特征

虾属节肢动物，甲壳类，种类很多，各种不同种类的虾、在结构上，有着自己的特征。虾一般由头、胸、足、身、尾五大部分组成。

游虾是灵动、活泼、可爱的象征，深受人们的喜爱，游虾造型组合作品栩栩如生，充满神韵，主要用于热菜的点缀装饰，以及海鲜为主题的宴席看盘等。

2. 原料

南瓜、胡萝卜、莴苣等。

3. 工具

主刀、戳刀、掏刀、502 胶水。

4. 工艺流程

(1) 取一南瓜薄片用主刀刻出虾身体的曲线，曲线形态决定虾生动程度。

(2) 主刀刻出身体尾部的曲线，尾部做得弯曲些，用主刀雕出头部左右两边的大形，使虾的头部变窄。开出头部上面的虾枪，要与虾头部平行。

(3) 刻出虾头的大形，要把握下刀的深浅，太深在刻虾腿时易断掉。

(4) 刻出虾节的弧度并去掉废料，使虾节显层次感。刻出虾的尾巴，虾尾成扇形。

(5) 主刀划出虾身下的双线，要随着虾身的弧度而定。用 V 形刀戳出虾身的虾腿。

(6) 用主刀雕出水草，掏刀刻出假山大形，组装即可。

(7) 技术关键（见图 3-37）。

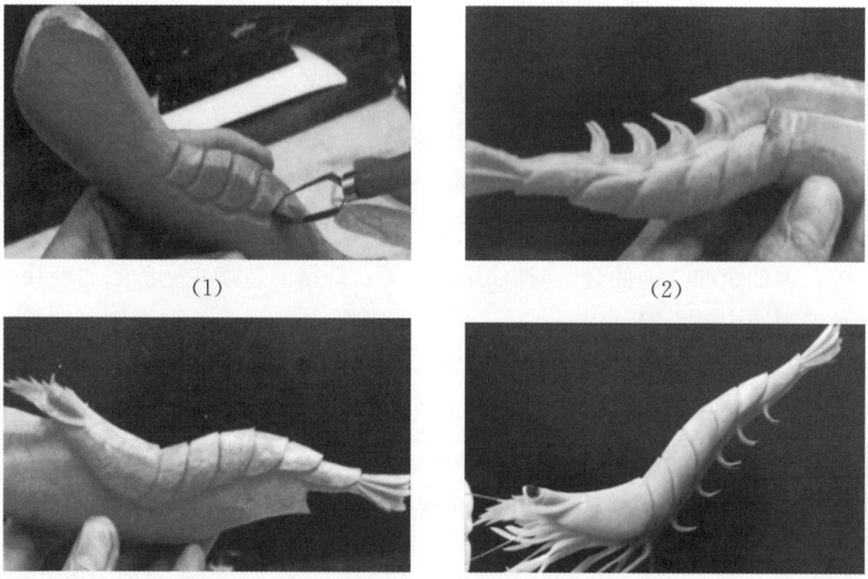

(1) (2) (3) (4)

图 3-37 虾雕刻的技术关键

5. 技艺要点

(1) 以莴苣笋雕刻河虾的造型效果好，呈水汪汪明透感；以胡萝卜雕刻海虾要比以南瓜作原料效果好得多，色彩有亮度。

(2) 虾的造型重点在两只长足，既细长又有节肢，一般均用基本象形手法。

(3) 注意虾头、虾身、尾的比例，以及虾身的弯度。

(二) 鲤鱼的雕刻技法

1. 生态特征

鲤鱼属于鲤科，分布于世界各地，一种常见的淡水鱼。鲤鱼的身体呈青黄色，尾鳍为红色，体表布满圆鳞。它们的身长最大的可达 1 米多、口小向外突出，有两对触须，背鳍和臀鳍都有硬刺，鲤鱼有很强的生命力，能耐高温和污水，生长速度快，有很高的利用价值。

鲤鱼是我国传统的吉祥物，民间有很多关于鲤鱼的传说。鱼与玉、余谐音，有“连年有余”、寓意喜庆、财富丰收的意思，鲤鱼造型作品适用于热菜的点缀及家宴、年夜宴、喜宴等的看盘制作。

2. 原料

南瓜、白萝卜、胡萝卜等。

3. 工具

主刀、掏刀、戳刀、502 胶水。

4. 工艺流程

（1）取略带弯度南瓜原料一根，底座削平。

（2）用主刀在原料的最上端 1/3 处下刀，去掉根部，雕鲤鱼脊背外形。

（3）用主刀依次将鲤鱼的嘴部、下腹部、尾、浪花大体轮廓外形雕出。平口刀将鲤鱼身形修饰光滑，划出鳞片、浪花，加以细刻。

（4）取一块南瓜料切出鲤鱼鳍的外形。在背上用掏刀划出纹路。

（5）再取一块南瓜小料，用刀依次将腮鳍、腹鳍、鱼须雕出。

（6）点缀水草、鱼嘴吐出的浪花、大钱，组装完成即可。

（7）技术关键（见图 3－38）。

（1）　（2）　（3）

图 3－38　鲤鱼雕刻的技术关键

5. 技艺要点

（1）在雕刻浪花鲤鱼为主题的造型时，只要突出鲤鱼跳跃出水面的动态，与水浪花的陪衬造型即表达寓意；当然要求鱼与水的动态都要活、自然有力。

（2）鲤鱼头大、张大口、尾上翘的动态都属夸张手法，都是为突出主题而造。

（3）鱼鳍、鱼鳞都属写实手法，没有它就不能突出鱼的主题，特别雕刻“年年有余”主造型时，鱼的形象特别重要，水浪花则可以省去。

二、食品雕刻昆虫造型

食品雕刻昆虫造型的品种不多，因为可作具观赏价值的昆虫品种有限，常见的雕刻造型有蝴蝶、蟋蟀、蜻蜓几种，而常作为雕刻主题造型的有蝴蝶。例如“彩蝶纷飞”“彩蝶争艳”“蝶恋花”等作品；偶尔也有“蜻蜓嬉荷”“蜻蜓点水”的主题造型；至于蟋蟀、蝈蝈则大多数作为菜肴围边的个别点缀品，上不了高档宴会的桌面。

雕刻昆虫造型选取原料容易，费材不多，均采用基本特征突出的写意形式，有时也采用变形、夸张的手法。

下面介绍蟋蟀的雕刻技法。

1. 生态特征

三角形头，方颈、胖身、眼大，触须长，前翅短、后翅长，后腿长而粗大，尾部有尖刺（见图 3－39）；蟋蟀的动态是前翅活动频繁，后腿频频跳跃。

图 3－39　蟋蟀雕刻

2. 原料

黄瓜、胡萝卜、青笋等。

3. 工具

主刀、戳刀。

4. 工艺流程

（1）用黄瓜刻成长梯形毛坯。

（2）用主刀刻出头部、颈部形状，同时用 V 形戳刀刻出两寸前小足。

（3）刻出腹部形状，V 形戳刀刻出腹部细条纹与尾部小刺。

（4）用 U 形戳刀刻出背部前翅与后翅两对。

（5）另刻两只曲折不同角度的后腿，插接在胸部两侧。

（6）头部嵌粒赤豆作眼睛，插入虾须两根作触须。

5. 技艺要点

（1）蟋蟀的造型要突出头部与两后腿，尤其两后腿的跳跃姿势是重点。

（2）蟋蟀的前翅角度要比后翅高些，以象征前翅在活动鸣叫。

（3）蟋蟀造型多数作为围边点缀，也作为立雕的陪衬，这时候蟋蟀造型的大小要注意与主体造型间的比例关系，不能太大而失真。

第五节 器物与景观雕刻

器物和景观造型雕刻在一些中餐宴会或举办的食品雕刻比赛上，我们经常可以观赏到。如花瓶、花篮、鱼篓、桶、鼎、船、车、楼、亭、门、桥、阁、塔、柱等逗人喜爱的造型，用来烘托宴席的气氛或装饰美化菜品，给人带来触景生情的感受，被誉为“厨艺杰作”、“艺术珍品”。

一、器物雕刻

器物雕刻是用食品原料雕刻成逗入喜爱的器物造型或与其他造型如花鸟鱼虫、动物、人物等组合，用于装饰美化。

1. 适用器物雕刻的食品原料

首选南瓜、胡萝卜，其次是芋头和萝卜等。

2. 雕刻常用工具

主刀、戳刀、掏刀。

3. 器物雕刻的步骤

确定主题—设计造型—选择原料—初步制作—细工雕刻—精细修饰—组合应用。

主题的内容与宴会和菜点相吻合。确定雕刻器物的对象，如食品雕刻作品渔家乐，认真构思设计出竹篓的形状及其虾的动态特征。依原料形状或器物需求选用整雕法或零雕整装法进行初坯制作。初坯制作时要先对竹篓及虾的形状结构及造型进行分别确定。细工雕刻是对竹篓的花纹、虾的动态进行反复认真的雕刻。精细修饰是在其雕刻的基础上，对竹篓、虾局部进行更加细微的加工，突出竹篓为题材，反映了渔家生活的一个侧影，使竹篓的经纬竹篾交叉更加逼真，使作品充满了自然生动的情趣，最后根据宴会或菜点要求组合应用。

二、景观的雕刻

雕刻师要有精湛的食品雕刻技艺。将食品雕刻成仿古建筑物中的一些楼、亭、桥、塔、阁及山水风景等点缀菜肴。雕刻的作品精美绝伦，栩栩如生，如食雕作品云山宝塔，层层相叠，环环相合，流转起伏，还有的高耸入云、雄伟挺拔、直冲云霄等。有人说：“立体的诗，无声的画”给人一种诗情画意的享受，同时增添宴会的气氛，促进食欲。

1. 景观雕刻的原料

南瓜、胡萝卜、白萝卜和冷菜中的熟食荤料两类原料。植物性原料雕刻成的作品以观赏、装饰菜点为主，而动物性原料用于拼摆成景观冷盘，既可观赏又可食用。

2. 景物雕刻常用工具

景物雕刻常用工具与器物雕刻常用工具相同。

3. 景物雕刻的步骤

确定主题—设计造型—选择原料—初坯制作—细工雕刻—组合应用。

确定主题是依据宴会的形式内容和菜点需求确定雕刻的对象。如雕刻作品长城，以长城的结构特征及周围的景观为构思设计内容，选原料南瓜或芋头，根据长城造型需求来决定用整雕法或零雕整装法进行雕刻出长城的初坯制作，然后以长城造型特点，再进一步雕刻。细工雕刻是对长城的局部特征、结构（如长城形状、墙、砖等）以及长城主体层次，进行反复雕刻。

4. 景物雕刻的要点

（1）选择一些名胜古迹、风景秀丽的图案为造型题材。

（2）要对选择景观造型的结构熟悉，突出主题，无论从整体还是局部，都展示出雕刻作品的气韵和生动的形象，富有较强的艺术感染力。

（3）雕刻作品时，先按照景物的结构特征刻出大概轮廓，再对其各个部分精雕细刻，反映出雕刻作品的特点。同时，还要考虑陪衬物的点缀。

三、食品雕刻景物作品的应用和注意问题

食品雕刻的楼、亭、桥、阁、山水风景等艺术造型常和花鸟鱼虫、人物组合而成。适用于生日祝寿、开业庆典、友人聚会、喜庆结婚等为主题的宴会。

食品雕刻景观造型还可以用于对单一菜点的点缀和装饰，但此类作品不宜过大，以免喧宾夺主，一般占整个盘子的1/3或1/4，高度不超过30厘米为宜。

1. 景观雕刻

景观雕刻：古塔，见图3-40。

图3-40　古塔雕刻

（1）原料：南瓜、芋头、萝卜等。

（2）工具：主刀、戳刀、掏刀。

（3）工艺流程：

①用主刀将原料的两头切去，并根据造型特征分别切成六面锥形的初坯。

②用主刀从底部开始先刻出下面的台阶初坯，然后逐一向上刻出七层塔身与塔檐的轮廓，再将上面葫芦顶的形状刻出。

③用主刀先将底部台阶的坡面刻出，然后将每一个塔的层次和塔檐轮廓刻出，再将上面葫芦顶出。

④用直刀先将底部台阶层层刻出，然后用V形戳刀将塔檐的瓦砾刻出，接着用U形戳刀从底部开始戳刻塔门，并去掉余料，使中间镂空，最后将顶部刻好。

⑤另刻小桥及假山等组合即可。

2. 器物雕刻

器物雕刻：渔家乐，见图3-41。

图3-41 渔家乐雕刻

(1) 原料：南瓜、胡萝卜、青萝卜、白萝卜。

(2) 工具：主刀、戳刀、掏刀。

(3) 工艺流程：

①取南瓜原料一块，用主刀将刻出鱼篓的外形初坯。

②根据鱼篓的外形结构特征，用主刀和戳刀细工雕刻出其作品的造型，包括竹篾、交错的花纹。

③另外用胡萝卜雕刻游虾，白萝卜用主刀修出浪花形状，用掏刀刻出浪花水纹。

④根据菜点装饰的需求，将其作品组装即可。

第六节 人物雕刻

食品雕刻人物造型主要是以我国古代的那些喜闻乐见、为人熟知的神仙罗汉、文人学士、帝王将相、老人童子和传统仕女等人物为雕刻对象，根据创作内容选用适当的食品原料，运用相应刀法技法进行雕刻，雕刻时应融进创作者的思想理念。对于广大热衷食品雕刻人物创作的厨师来说，除了应具备相应的烹饪常识外，还必须了解和掌握我国历史文化、生活习俗、宗教信仰、传统美学等知识，这样才能创作出形神兼备、富有创意、备受欢迎的食雕作品。

食品雕刻造型的实际应用，常见的有花卉、禽鸟，以及习惯上喜爱的吉祥物龙凤等，似乎已成为传统，人物的雕刻造型极少，食雕人物造型一般来说，习惯以古代人的形象作为造型素材，即以渔翁、仕女、寿星的造型来塑造，面部和服饰传统以古代人为楷模，而且“老寿星”的额头均作一定夸张，在视觉上人们却都能自然接受欣赏。如果设想改为现代人的模样、服饰，势必会产生视觉反差效应，难免有种种微词评价。因此，人物食雕造型不论在形象、命题构思和取材方面，均存在一定局限性，并且与筵席、宴会或酒会的性质主题都难以做到和谐协调，理所当然很少采用人物造型。

一、人物头部、手足、服饰造型设计

（一）人物头部的基本知识

1. 头部的基本形状

头部的基本形状是个略扁立方体，从正面和顶面看呈长方形，从侧面看为正方形。头部共有三种运动方式：①以两耳连线为圆心轴做上下旋转；②以颈椎为圆心轴水平旋转运动；③头部的左右摆动。

2. 面部的比例

了解和掌握头部造型和特征对于人物的雕刻是至关重要的，我国传统美学常以“三庭五眼”作为衡量正常人头部的标尺。“三庭”是指面部的长度和三个鼻子长度大致相当，即由发际到眉、由眉到鼻底、由鼻底到下颏三部分距离基本相等。“五眼”是指面的宽度和五只眼的宽度大致相当，即两眼间的距离、眼角到耳孔间的距离大约等于一只眼的宽度（见图 3－42）。

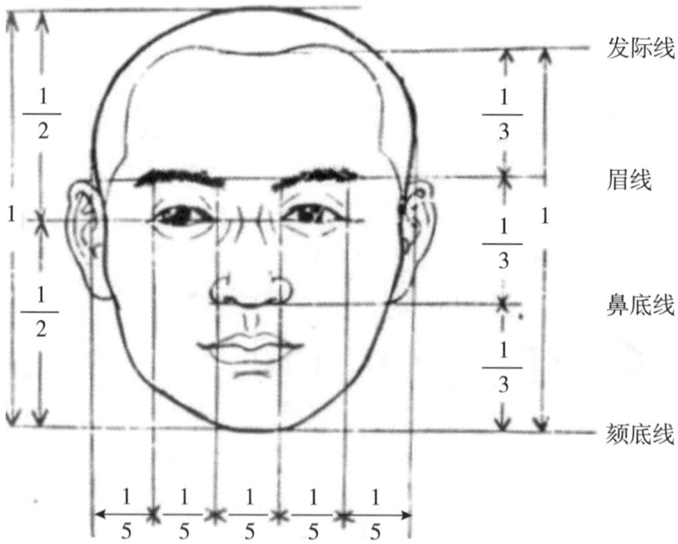

图 3－42　面部比例

3. 五官的结构特征

人的五官包括眼、鼻、眉、嘴、耳。

（1）眼：眼睛是人体最传神的部位，被称为心灵的窗户，是进行食品雕刻人物造型创作的重点和难点，包括眼眶、眼睑、眼球三部，眼睑俗称眼皮，分上下眼睑，包裹在眼球外，眼睑的开闭依靠上眼睑的活动。眼球是一个球状水晶体，绝大分被眼睑覆盖，外形呈现球形状。

雕刻人眼时要注意各类人群的不同之处：小孩眼圆、仕女眼长、武将眼突、神仙眼祥、老人和罗汉眼角鱼尾纹细小而明显。

(2) 鼻：鼻子由鼻翼、鼻尖球面、中隔、鼻孔及鼻梁组成，鼻的外形是一个呈锐三角形楔形块面，眉弓下面的鼻根狭窄且向内凹陷，脸部中央的鼻底宽阔而挺拔。鼻子的长度是整个脸长的1/3，鼻底两鼻翼间的宽度约为一眼宽。雕刻鼻子时应注意人在喜、怒、哀、乐不同面部表情时鼻尾纹长短和鼻唇沟深浅的不同变化以及老人、小孩、武将、仕女等不同人群鼻尖、鼻翼、鼻梁的区别。

(3) 眉：眉毛依附在眼眶上，眉毛靠近鼻根处，眉毛内端称为眉头，中部称为眉峰，尾部为眉梢。眉毛的形状与浓淡，因人性别、年龄不同而有差异。一般来讲，男性的眉毛粗而密；女性的眉毛细而长、颜色淡；儿童的眉毛淡；老年人的眉毛浓淡兼有。

(4) 嘴：嘴分上唇和下唇，闭合处为口裂，两端称为口角、下唇以颏唇沟与颏部为界。面部表情最为重要的部位，它由上嘴唇、下嘴唇、口裂线、人中、嘴角组成。口上下所占位置约为下庭的3/5，左右宽略小于两个瞳孔间的距离，上唇的弧形轮壁线长而弯曲，类似一个拉长的英文字母M状，下唇弧形轮廓线短而直，类似一个扁平拉长的英文字母W状。雕刻口时要注意年龄的影响，一般来说，儿童嘴形圆润，唇厚突出；成人嘴形扁长，唇较饱满；老人嘴形扁平，唇薄干瘪。

(5) 耳：耳是人体五官中变化最小的部位，它由外耳轮、内耳轮、耳屏、对耳屏、耳甲腔和耳垂组成。耳的外形酷似问号，耳对称生于头部两侧，其长度正好是眉弓与鼻底之间的距离，外耳轮最大宽度约为耳长的1/2。雕刻神仙和罗汉时耳轮宜宽大些，如弥勒、寿星的耳要垂至肩部，耳垂肉厚。

4. 头像概述

人的脸形最为丰富，是人的形象传神的重要部分，不管男人、女人，其脸形都有长、方、圆、瓜子脸等，在雕刻时一定要注意左右眉、左右眼、左右耳的对称，都在一条线上。只有对称，头像中的五官才不易走形，雕出的头像才能更加形象生动。

(1) 女性头像：女性头像的发型种类很多，自身头发有限，需要假髻、假头发配合装饰，才能巍峨高耸，大致可分为双丫髻、盘桓髻、堕马髻、迎风髻、回心髻、飞天髻、单螺髻、凌虚髻和元宝髻九种。

(2) 男性头像：男性头像在表现时不仅只有方或突出；男性的面部结构关系，还要把握住其胡须、头发、帽子的特征和变化关系。

5. 食品雕刻人物脸部的表情

人们常用喜、怒、哀、乐来形容人心态和情绪的变化，食品雕刻主要作用对菜点进行衬托和修饰，提升其品位，愉悦就餐者心情，增进饮食欲望，激励其消费，所以食雕人物表情主要应用喜和乐两种，但有时为了突出罗汉、武将的威猛勇敢，怒的表情在食雕创作中也时有应用。

喜和乐虽然都是人在高兴时的表现，但也有所差别：喜强调的是形神（肢体动作和面部表情）兼备，乐强调的是神态（内心活动和面部表情），喜和乐在面部的动作表情就是以各类笑来表现。

（1）雕刻笑的面部表情应掌握以下特征：①微笑，嘴不张或略张，嘴角稍上翘，颧骨部位肌肉略凸起，下眼睑中部向上、眼角向下、向外拉长，两眼成弯曲状，鼻唇沟浅而较直。②大笑，嘴大张，嘴角上翘明显，颧骨部位肌肉凸起，两眼成一条缝，鼻唇沟深且弧形。

（2）雕刻怒的表情时应掌握以下特征：眉头紧皱，眉梢竖起，鼻孔张开，眼圆睁，牙紧咬，咬肌突起，口裂线向斜下方拉长。

（二）人物的手足

手与足是人体之中结构最复杂，动作最为多变的部分。古人曰："画人难画手"就缘于此，手指各关节灵活多变、姿态各异，在人物雕刻创作时，通过手的表现，能准确地传达、反映人物的内心活动。

1. 人手

手在人物雕刻造型中被称为第二表情，人物的心情意向一般是靠手来展示。手包括腕、掌、指三部分，呈扇面形作射状与腕关节相连。

（1）女性手

①女性手设计时要抓住纤细、柔软、优美等特点，选择手的姿势配在身上要自然协调，恰到好处，切忌生搬硬套。

②女性按掌式大体分为：展掌、合掌、立掌、盖掌和扬掌五种。

③女性按手姿分为：抚琴式、持杆式、撩衣式、持花式、拿珠式、端托式、吹箫式和吹笛式八种。

（2）男性手

①男性手设计时要表现出：结构突出明显、结实有力、富有运动感。

②男性按手姿分为：手托式、拈须式、附指式、抓住式、抓托式、持杖式、攥握式、单指式、张开式和持杆式。

2. 足

俗话说得好，千里之行始于足下。

人物的足分跗、跖、趾三部分，足的形体结构：足的外形为四部分包括踝部、脚跟、脚背和脚趾。人的脚，在变化上相对要少一些，因为在表现时大部分都是穿鞋的，极少一部分是光脚，如果表现光脚，就要了解脚的基本姿态、结构等。

（1）女性脚设计

女性脚多是以修长、柔和、皮面光滑无过多结构为表现形式。

（2）男性脚设计

男性脚大都是以粗壮、结实、结构关系明显、较突出为表现形式。

（三）人物雕刻服饰造型

食品雕刻人物造型中常用的服饰有布衣服饰、文官服饰、武将服饰、神仙服饰、仕女服饰及少数民族服饰等多种，雕刻中要注意每类人物的服饰受不同历史时期（朝代）、不同地域、不同民族的影响。

在雕刻人物造型中，服饰和人体结构准确才会优美得体，否则即便把服饰雕刻得多么好看，如果不按服饰里的人体结构去搭配，也是一个空架子。所以在雕刻人物造型时就必须先了解服饰的衣纹变化与人体的凹凸之间的关系。

1. 衣纹

衣纹有刚柔、曲直、虚实、聚散、深浅、厚薄、松紧、动静、繁简、大小、强弱、宽窄等变化。

2. 人体变化

人体变化必然引起衣纹变化，雕刻衣纹必须尊重衣纹里面的人体结构，要适应上肢与下肢的活动点及凸凹上的变化。

二、人物整体造型设计

（一）适用于人物雕刻的食品原料

长形实心牛腿南瓜，色泽、质感俱佳，为首选用料，亦可选用芋头、萝卜等作为代用品。

（二）人物雕刻常用刀具刀法

1. 分刀

常用切、削刀法，用于对原料加工成大坯时的切块和分面。

2. 主刀

要尖而利，常用划、剔、削、刻等刀法，用于对大坯原料的细工雕刻。

3. 戳刀

常用戳刀法，用于人物服饰中对主体衣纹的雕刻。

4. 掏刀

常用掏刀技法，用于脸部定形及衣纹和须发的雕刻。

（三）人物雕刻的步骤

确定主题—设计造型—选择原料—初坯制作—细工雕刻—精细修饰—组合应用。

确定主题是指依据寿宴、福禄宴等不同主题宴会和菜点需求确定雕刻对象，如寿星、福星、禄星等，再对其动态、神态进行设计。依照原料形状或人物造型需求选用整雕法或零雕整装法进行初坯制作，初坯制作时要先对头部动态、位置、大小作切块和分面，然后以头部为基准对人物的身高比例、形体特征、动作造型进行确定。细工雕刻是指对头部五官、肢体动作（包括手、脚、肩、肘、膝、腹、胸、腰等）及衣服主体纹理进行反复认真的雕刻，精细修饰是指对手指、脚趾、面部表情、肌肉骨骼、胡须头发、服饰图案等细微部分的深加工，最后根据宴会和菜点需求组合应用即可。

（四）人物雕刻的技艺要点

1. 人物形体和神情的雕琢

它是人物雕刻的重点，可以参阅以下人物雕刻口诀进行人物造型的雕刻创作。

人体比例头为尺，站七坐五盘三半；
三停五眼把头看，喜怒哀乐表情现；
眼角下弯嘴上翘，笑口常开乐其间；
气怒狠者眼拱张，霸气必然脸上见；
嘴角下弯眉紧锁，愁苦之情定出现；
心神畅然手拈须，春风得意不会变。
继续雕刻是哪般，肩肘腰膝是关键；
袖内上臂贴肋骨，肚脐正好齐肘弯；
一手能遮半边脸，三个头当两肩宽；
腹部位置在腰下，至膝两个头相间；
基本常识要记全，最后别忘把眼添；
若想技艺不一般，勤学苦练当在先。

2. 人体动态

人体动态有立、卧、行、坐、跑、跳、舞等多种，雕刻时应该以头和上肢及手运动曲线为主要轮廓线，以身体和足部运动曲线为次要轮廓线，以衣纹和风带走势为辅助轮廓线。

3. 雕刻人物面部

雕刻人物面部（专业术语称为开脸）时应注意的问题：

（1）开脸时应从面部最高部位鼻子开始，将其切削成圆锥体大坯后再细工雕刻。

（2）待脸部、须发、头饰、帽子雕刻完成后再削去脑后多余废料。

（3）对于脖子的雕刻，开始时应做得短些，待整体雕完后再对其加长，以防脖子过长比例失调。

4. 人体衣纹的雕刻

人体衣纹的雕刻要从人体运动、衣服材质、外力（风）作用等多方面综合考虑，根据人物形象和历史背景的差异进行设计，运用戳、划、刻、剔、旋、挖、掏等刀法雕刻出整体一致、前后连贯、首尾呼应、富有节奏、极具韵律感的衣纹。

（五）人物雕刻工艺流程

人物头部的雕刻技法分为以下几个方面。

1. 童子头部的雕刻技法

（1）选实心南瓜一块，用主刀打出一个大的弧面。

（2）先定出脸部的宽度（开脸），再定出头顶的发型。

（3）用 U 形刀定出脸的长度后，在中间横戳一刀（两庭）。

（4）用小的掏刀刻出鼻翼及眼窝。

（5）在鼻翼下用 U 形掏刀刻出嘴的宽度，切去嘴角两侧的余料，定出耳部轮廓。

（6）修出上嘴唇，并去掉一层余料，接着用 U 形刀戳出下嘴唇。用主刀开出眼睛，用 V 形掏刀刻出发丝，修整光滑即可。

（7）技术关键（见图 3－43）。

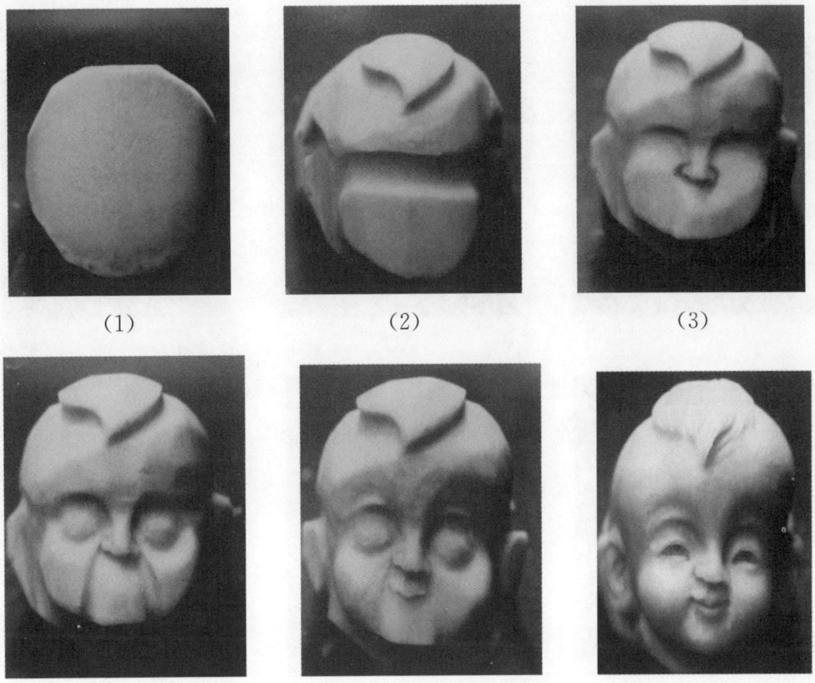

(1) (2) (3) (4) (5) (6)

图 3-43 童子头部雕刻的技术关键

2. 仕女头部的雕刻技法

(1) 选一实心南瓜，把前面修成一面大的弧形。用 U 形戳刀推出脸部轮廓，仕女的脸部呈鸡蛋形（开脸）。

(2) 用U形刀定好 3 庭并推出鼻线和眉弓。用主刀刻到出鼻翼并去除鼻翼下面的余料。

(3) 用掏刀定出眼窝和嘴的宽度。

(4) 用主刀刻出上嘴。修出上嘴唇线，用 U 形刀推出下唇的轮廓。在刻嘴的时候，为了使她的表情有笑意，嘴角可以稍微上翘。

(5) 用 V 形戳刀戳出发型，发型必须交错搭起。修好发型轮廓，用主刀开出眼睛。

(6) 用 V 形掏刀刻出细的发丝，装好头上配饰就好。

(7) 技术关键（见图 3-44）。

3. 寿星头部的雕刻技法

(1) 选一块实心南瓜用 U 形刀推出寿桃形头顶。

(2) 用小 U 形刀推出长眉的轮廓。去掉眉后面的余料，定耳部轮廓。

(3) 用小 U 形刀推出眼部和鼻骨。

(4) 主刀修出鼻翼和胡须的大形并分好层次。

(5) 用 V 形掏刀刻出胡须的层次并用 U 形刀开出嘴的形状。

(6) 用小 V 形掏刀刻出胡须的细线，主刀开出笑眼，雕刻出牙齿，耳朵修圆即可。

(7) 技术关键（见图 3-45）。

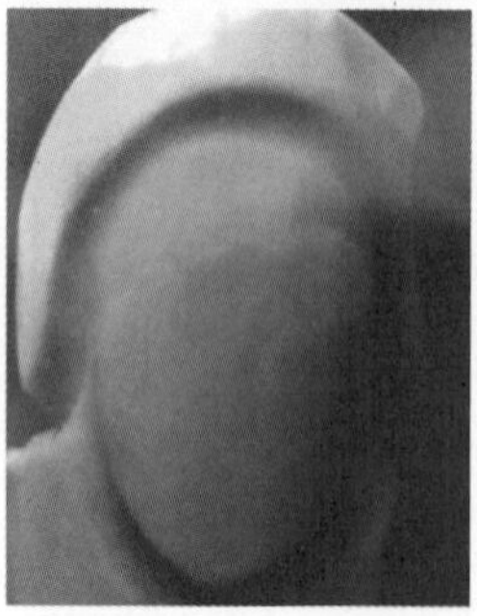
(1)

(2)

(3)

(4)

(5)

(6)

图 3－44　仕女头部雕刻的技术关键

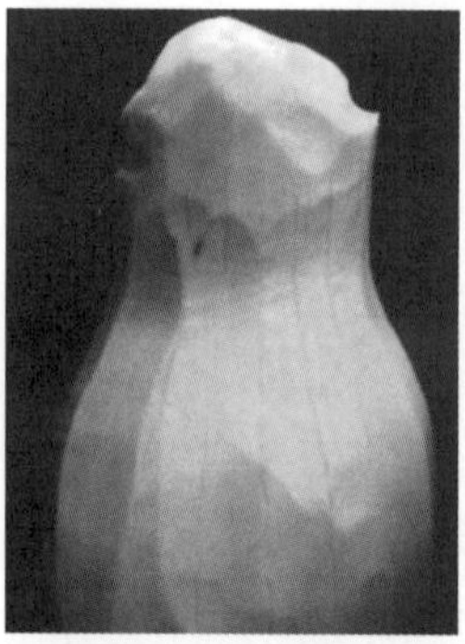
(1)

(2)

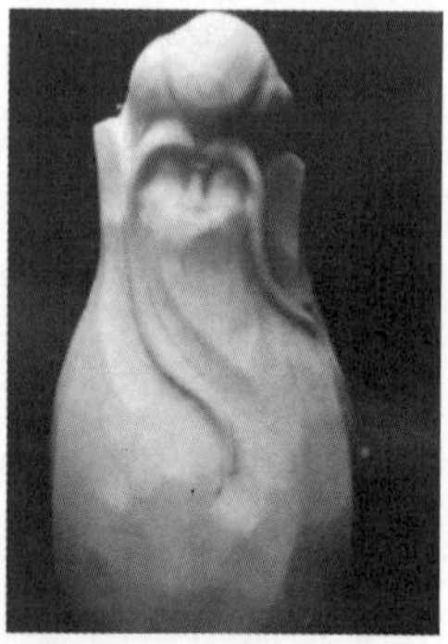
(3)

(4)

(5)

(6)

图 3－45　寿星头部雕刻的技术关键

4. 罗汉头部的雕刻技法

(1) 用U形戳刀戳出罗汉头部的大形，并用小U形戳刀在眼部位置横推一刀。

(2) 用小U形戳刀戳出鼻梁轮廓及眼窝，雕刻出眼皮，用主刀修刻出鼻翼。

(3) 接着戳出嘴的外廓，用4号U形戳刀推出脸部轮廓。再用戳刀戳出脸部的形状及耳朵轮廓。

(4) 为了使耳垂更夸张，可以在两面粘接两块小的原料，之后用主刀雕刻出耳部轮廓。

(5) 用主刀雕刻出上嘴唇并把嘴角周围修净，雕刻出牙齿的大形并用U形戳刀戳出下嘴唇的大形。

(6) 用戳刀戳出下颚，定出脸部的长度，去掉多余的废料并刻出牙齿，雕刻出耳朵的细节，用主刀开眼，把整个头部抛光即可。

(7) 技术关键（见图3-46）。

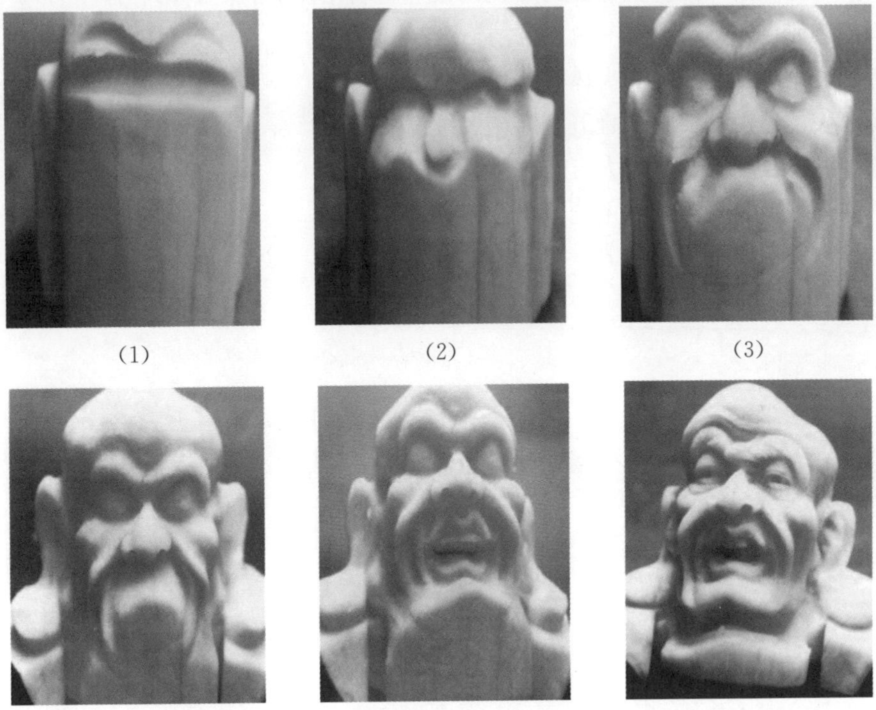

(1)　(2)　(3)

(4)　(5)　(6)

图3-46　罗汉头部雕刻的技术关键

人物整体造型雕刻技法分为以下几个方面。

1. 童子的雕刻技法

雕刻童子时注意头部是两庭，头与身体的比例是1/5。

童子要突出表现活泼、顽皮、可爱的特性，食品雕刻童子造型组合主要有年年有余、连生贵子：童子与鲤鱼或莲花组合；童子拜观音：童子与观音组合；哪吒闹海：哪吒与龙组合；麒麟送子：童子与麒麟组合、善财童子等。

下面以“连生贵子”造型为例：

（1）原料：南瓜、芋头。

（2）工具：主刀、戳刀、掏刀、502胶水等。

（3）工艺流程：

①先用U形戳刀和主刀修出小孩的造型，在腿和右臂接料处切一个平口，之后把腿部接好并修出大形。

②用U形掏刀定出衣服的纹路，把底下的余料修成莲花叶形状。

③把余下的废料去除，之后把叶子下面雕刻出浪花大形。

④用V形掏刀雕刻出叶筋和底部浪花的细节。

⑤V形刀戳出发型，并用U形戳刀戳出五官大形，细致雕刻出 脸部喜悦的表情。

⑥雕刻好一双手粘接上，并在叶子上戳出枯洞，再雕出小的腰带和耳发组装即可。为了整个作品更加和谐，配合主体，另雕刻两朵莲花装在叶子的上侧和下方。

（4）技艺要点：

①童子雕刻时注意头部和身体的比例要协调。

②面部表情喜悦、笑脸并且五官雕刻要细腻清晰。

③童子的衣纹动态不要太大。

④整体造型组装要协调，主题突出。

（5）技术关键（见图3-47）。

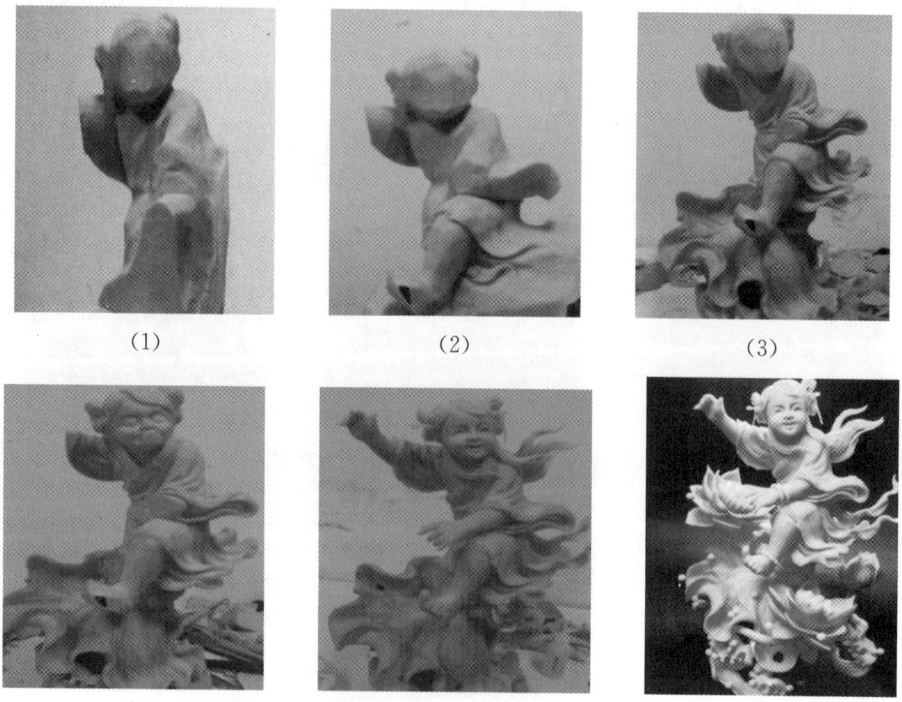

(1) (2) (3)

(4) (5) (6)

图3-47　童子雕刻的技术关键

2. 仕女的雕刻技法

人物的体姿造型，一般拿仕女来做例子。仕女采用侧面势，用半侧面表现较多，脖子略长、突胸、收背、腹线垂直，臀部曲线向下延伸，脚的位置基本上和脑尖保持直线，这样就能充分表现出女性形体的曲线美。

食品雕刻仕女造型主要以那些美貌绝伦、才智双全、刚正不阿、坚贞勇敢的仙女、美女为雕刻创作对象，如我国古代传说中四大美女（西施、王昭君、貂蝉、杨玉环)、《红楼梦》中的十二金钗、戏曲中的梨园仙子、敦煌飞天中的飞天仙女、嫦娥奔月中的嫦娥、天女散花的天女、麻姑献寿的麻姑、智勇双全的穆桂英、替父从军的花木兰、才华横溢的李清照等，其中尤以四大美女、嫦娥、天女、麻姑等造型应用最为广泛。

下面以仕女读书的造型为例（见图 3－48）。

图 3－48 仕女

（1）原料：南瓜、芋头。

（2）工具：主刀、戳刀、掏刀、502 胶水等。

（3）工艺流程：

①取一根长的南瓜原料，将底部削平。先在原料上构思出仕女的基本大形。

②用主刀从原料的最上端下刀，削去两边废料，留出中间头像的宽度。修出头部大形，细致地雕刻出仕女的五官及表情。

③用主刀从头部依次往下雕刻仕女的胸部和上肢部分，以头为标准，向下量出六个头的长度，用块面的形式把大形划分出来。

④用掏刀往下将下面衣裙等大体轮廓刻出，并细致的雕刻出衣褶和纹路。雕刻裙摆的

褶纹时运刀一定要拉长，显出衣服的薄度。

⑤取一块薄的小料，用主刀划出仕女的飘带。再取一块长料，在上边雕出侧面的小带。

⑥装好飘带，雕刻出头发的细丝和饰件组装即可。

（4）技艺要点：

①仕女的脸部雕刻要细腻清晰，五官比例要准确。

②雕刻仕女造型应注意体形美、风韵美、服饰美，体形美是指其身高比例较正常人略高，并尽量表现出女性所独有的生理曲线，刻画出端庄秀丽的形体；风韵美是指通过对人体姿态的雕琢来表达仕女婀娜多姿的美感；服饰美是指通过对服装及衣纹的雕琢来表现仕女服饰的富贵华丽。

③仕女形体姿态主要以站、坐、行、游、骑马、奏乐、飞天等为主，要通过对体姿的塑造来刻画其面部表情，做到形神兼备。

④身体各部位雕刻特征明显，身体比例协调；衣服要随身体的动态而变化，仕女的衣褶和纹路要雕刻自然飘逸得当。

（5）技术关键（见图 3－49）。

(1)　(2)　(3)　(4)

图 3－49　仕女雕刻的技术关键

3. 寿星的雕刻技法

在我国古代，寿星常指十八星宿中的南极老人星，所以又被称为南极老人或南极仙翁，是传说中的长寿之神。

寿星造型特征是体形矮小（3～5 个头高），弯背弓腰，一手持拐杖，一手托仙桃，脑门大、高大隆起，慈眉悦目，喜笑颜开，白须飘逸、长过腰际。

食品雕刻中寿星常和代表长寿吉祥的寿山、松树、仙鹤、鹿、龟等组合成作品，主要应于生日宴、祝寿宴等。

（1）原料：南瓜、芋头。

（2）工具：主刀、戳刀、掏刀、502 胶水等。

（3）工艺流程：

①取一长点的实心南瓜，去掉根部，先在原料上构思出寿星的整体身形姿态。

②用主刀先去掉右边废料，留出中间头部宽度、用 U 形戳刀戳出寿星的头部大型，头部的宽度为原料的 1/3。将左边手臂雕出，分出手型块面结构。

③用掏刀雕刻出寿星的五官及胡须的轮廓，之后细致的雕刻出胡须的细线和五官细节，表情微笑。

④再往下依次分出下身的衣裙大体轮廓，并将整体服饰用块面的形式分出。主刀将服饰上的棱角线去掉，修饰光滑后，运用划线刀和掏刀，细致地雕出服饰的衣纹。

⑤另雕刻出寿星的飘带粘接好，取一块三角料雕出葫芦。将葫芦上的小飘带雕出。

⑥再取一块原料雕刻出桃子和桃叶，最后组装即可。

（4）技艺要点：

①“老寿星”是人们美好理想的虚构形象，结合吉祥物而夸张作为长寿、幸福、吉祥的化身。因此构思造型离不开既定的传统形象。

②万变不离其宗，构思造型可以丰富多彩，但老寿星的头部形象与笑容满面的主旨要突出，陪衬吉祥物及寿星的服饰与形态可以适当各显神通。

③“老寿星”的造型难度，在于幸福的满面笑容塑造，这需有关刀功的功底与艺术修养。

④“老寿星”的笑容刻画，即使熟悉生活，刀功不到家，一刀之差笑容会变成愁容，那就会前功尽弃报废。所以操作“老寿星”造型，至关重要的是突出幸福的笑容。

⑤要突出“老寿星”的主题，达到形象真实，神情丰富，活灵活现的视觉、意境双重效果。

（5）技术关键（见图 3－50）。

4. 罗汉的雕刻技法

罗汉造型主要选取那些为人熟知、受人喜爱、催人奋进的人物为雕刻创作题材。比如十八罗汉中的“伏虎罗汉”造型，充分展现了罗汉的英勇斗志，不会被任何的困难所吓倒，虽然修身养性，但到了关键时会立刻冲在前面；神采奕奕的大肚弥勒罗汉，开怀大笑，悠闲自在、无忧无虑，看上去似乎有种在世外桃源的感觉，人们似乎也在追求和向往着能悠闲自在的生活。

食品雕刻罗汉造型作品一般和如意、元宝、铜钱、祥云、葫芦等搭配，在菜肴点缀和宴席展台制作中烘托主题，寓意吉祥、纳福、恭喜发财、开心快乐的。

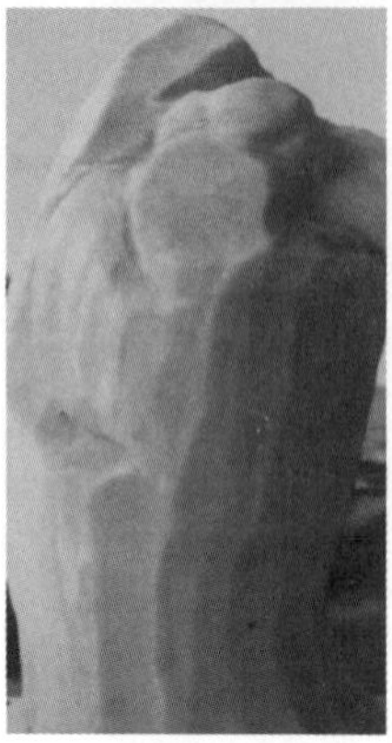

(1)

(2)

(3)

(4)

(5)

图 3-50　寿星雕刻的技术关键

下面以伏虎罗汉造型为例。

(1) 原料：南瓜、芋头。

(2) 工具：主刀、戳刀、掏刀、502 胶水等。

(3) 工艺流程：

①取一节实心南瓜修出头部的大型，用 U 形戳刀戳头顶和眉骨。

②用 U 形戳刀在太阳穴处各戳一刀，并推出鼻梁，定出嘴型。

③雕刻出胡须及脸型后，另取一长形南瓜，用主刀在上边斜切修出坡面。

④把雕好的罗汉头粘接在原料的斜面上，定出身体的宽度，接好原料雕刻出身体大形，用掏刀雕刻出罗汉的衣褶纹路细节。

⑤取原料粘接好手臂的角度，雕刻出身体的强键肌肉和手臂的细节。在手按的地方粘接出老虎头部的原料，并修出大形。雕刻出老虎头部细节特征。

⑥另取一块南瓜原料，粘接出老虎的前腿和后腿并修出大形，最后进行细部修整，雕刻老虎腿脚的细节，用掏刀刻出老虎的斑纹，装好配件点缀即可。

（4）技艺要点：

①罗汉的头部雕刻要适当的夸张，脸部表情自然，特征明显。

②伏虎罗汉造型常以骑虎式或坐虎式的形式体现，身体的动态雕刻时幅度较大，身体的骨骼肌肉一定要刻画的强健，力量感强。

③身体的衣褶纹路要自然柔和，随动态的变化而改变。

④罗汉和老虎的搭配要协调，比例恰当。老虎要雕刻出劲道、神态逼真，突出主题。

（5）技术关键（见图 3－51）。

（1）

（2）

（3）

（4）

（5）

（6）

图 3－51　罗汉雕刻的技术关键

第七节　瓜盅、瓜灯雕刻

一、瓜盅、瓜灯雕刻概述

瓜盅、瓜灯在食品雕刻中作为一种传统的技艺，已有很长的历史。远在北宋时期，我国已有了瓜雕，清代又有了瓜灯，西瓜雕刻有了较大的发展。据《扬州画舫录》记载：

“亦间取西瓜镂刻人物、花卉、虫鱼之戏，谓之西瓜灯。”当时商贾如云、市场繁荣的江浙一带，扬州瓜雕已相当盛行，且技艺已达到了相当精湛的程度，不仅吸引了官绅富豪，也吸引了许多文人墨客。康熙、雍正年间的著名文人黄之隽题名《西瓜十八韵》的诗，就有西瓜雕刻“纤缝剖出玲珑雪，薄质雕成宛转丝”的描绘。尤其是近些年来，随着我国烹饪事业的迅速发展和人民群众生活水平的提高，瓜盅、瓜灯雕刻以其独特的艺术风格，悠久的工艺和精湛的制作技术，赢得了人们的青睐，因而迈上了新的台阶，使其大放异彩。

瓜盅、瓜灯统称为瓜雕。以西瓜、冬瓜、南瓜为主，采用平面浮雕与镂空突环的雕刻技法，其中的图案与突环变化无穷，具有很高的技术性和艺术性。在一些高级宴会上用瓜盅或瓜灯来装饰席面和美化菜肴，它的观赏性远大于食用性。瓜盅和瓜灯雕刻最大的魅力在于其精美的图案、玲珑剔透的突环和优美的造型，给宾客带来一种充满诗情画意的艺术感。瓜盅与瓜灯经过认真的设计、构思和技术加工，是绘画、雕刻、灯光和音乐等综合艺术的体现，用这些形态逼真、寓意深远的瓜盅、瓜灯作品点缀菜肴、装饰席面，不仅有烘托主题、增添气氛的作用，而且还有赏心悦目，使人增加食欲的作用，给整个宴会带来锦上添花的作用。

二、瓜盅、瓜灯的原料

瓜盅、瓜灯的原料有西瓜、冬瓜和南瓜。其中西瓜、冬瓜多选用表皮颜色深、表面光洁、无疤痕、形状呈圆形或椭圆形的，南瓜以圆形、扁形为佳。

三、瓜盅、瓜灯的雕刻工具

1. 刻线刀

刻线刀（掏刀），主要用于瓜盅刻线图案。

2. 戳刀

戳刀，主要用于瓜盅启盖和瓜盅瓜底座的雕刻。

3. 铲刀

大号铲刀用于瓜盅除瓜皮、突出图案，小号铲刀用于瓜灯铲起突起突环。

4. 挑环刀

挑环刀，主要挑出瓜灯的突环，也可以挑出装饰线，花边等。

5. 主刀

主刀，尖而利，常用于瓜灯突环切割和瓜盅启盖。

四、瓜盅、瓜灯的雕刻方法

瓜盅、瓜灯的雕刻方法有阴雕（凹）、阳雕（凸）、镂空雕、悬浮雕。

五、瓜盅与瓜灯的种类

1. 瓜盅

瓜盅可分为西瓜盅、冬瓜盅和南瓜盅。

2. 瓜灯

瓜灯可分为吊灯、坐灯、腰鼓灯和花篮灯。

根据设计造型的图案来选择瓜的形状，如人物、景观图案，应选择椭圆形瓜，若是花、鸟、鱼、虫、兽类图案应选择圆形为宜。

六、瓜盅、瓜灯的雕刻步骤

设计图案—刻阴纹线—刻突环—刻镂空图案—掏瓜瓤。

七、瓜盅、瓜灯雕刻流程

（一）瓜盅（见图 3－52）

1. 原料

黑皮西瓜或冬瓜（椭圆形）。

图 3－52 瓜盅

2. 工具

刻线刀、直刀、戳刀、铲刀。

3. 工艺流程

（1）先将西瓜的 1/4 处留出，做瓜盅盖，另外取瓜底 1/4 做瓜盅底部，然后将中间的 1/2 处用刻线刀画出浮雕的造型图案。

（2）用铲刀除去边线以外的瓜皮料（使图案明显突出），随后再用主刀、戳刀以及铲刀将留下的图案精细刻出，形成黑白对比，使图案纹理更鲜明。

（3）用主刀将瓜盅盖撬起，挖出瓜瓤，另取一只瓜的 1/3，刻出瓜盅底座组合即成。

（二）瓜灯（见图 3－53）

1. 原料

西瓜。

图 3-53　瓜灯

2. 工具

直尺、铅笔、圆规、主刀、挑环刀、U 形刀。

3. 工艺流程

(1) 用直尺、铅笔、圆规将圆突环及花纹图案在原料的表面画出。

(2) 用挑环刀分别刻出所有的突环与图案的实线。

(3) 再用 U 形刀将另一个西瓜 1/3 处的开口处戳刻一周去掉上盖，并将所有瓜瓤掏掉。

(4) 用主刀将环镂刻（使之凸出），再将一些装饰图案纹镂空的地方都刻去（使其透光），最后再刻瓜灯的底座组合而成。

多个瓜灯进行组合，可以应用于大型展台、冷餐会、庆典酒会等（见图 3-54 大型组合瓜灯），雕刻流程是一样的。

图 3-54　组合瓜灯

八、技艺要点

（1）瓜盅、瓜灯的造型均是以瓜为雏形，所以要选取瓜体端正、色彩深而匀称为好。

（2）瓜盅、瓜灯的图案花纹重点在主体，盅盖与底座花纹仅作陪衬，以简洁为宜，尤其以几何线条图形最相宜。

（3）瓜灯的镂空部位不宜太多，最好依图案花纹均匀分布，也要考虑整体稳固性。

（4）瓜盅、瓜灯的底座配合高度、大小要兼顾稳固与比例协调，不能太高，也不宜太低，造型可以多种多样，以高雅为宜。

（5）瓜盅、瓜灯用半镂空悬空花纹工艺，也宜少而精为佳，太多反而不庄重俊秀，包括主体的花纹图案均要恰到好处，突出重点。

第八节　奶油雕、巧克力雕、冰雕、琼脂雕

一、奶油雕

（一）奶油雕概述

奶油雕，也称黄油雕。黄油雕最早源于西方的一种食品雕刻。常见于大型自助餐酒会及各种美食节的展台。推出这种艺术表现形式，可以增加就餐气氛，提高宴会的档次，营造出一种高雅的就餐环境。黄油雕所用并非是天然的黄油，而是一种人造黄油。人造黄油的品种很多，当然不是每一种黄油都适合黄油雕，因为它们各自的含水不同。一般来说，做食品雕刻要选用硬度大一些、可塑性强一些的黄油，如专门用于做酥皮点心及牛角面包的酥皮麦淇淋，这种黄油的可塑性较强，熔点也比较高，加之含水很少，故较容易操作。

（二）黄油雕的雕刻的方法

（1）黄油块类似于“泥塑”的方法，做成初坯状，然后再精细加工雕刻出作品的特征。适宜做中小型作品，如花鸟鱼虫、小动物类等。其特点：小巧玲珑、逗人喜爱、光润自然、香气浓郁。

（2）先用木架、铁丝、泡沫、麻布等原料制成骨架，刷或抹上黄油，再用工艺美术雕刻手法制作完成。适宜于一些大型宴席或展台上的观赏品。其特点：造型精美、气势磅礴、增添气氛、促进食欲，给宾客较高的艺术享受。

（三）黄油雕刻操作要点

（1）黄油雕刻的原料选用制作酥皮麦淇淋的黄油为佳，它的含水量少，硬度高，可塑性较好，成品立体感强。

（2）黄油雕刻的操作温度在15℃～20℃的室温内便于雕刻成型，不易溶化。

（3）黄油雕必须手法娴熟，动作要快，使其作品外形美观，表面光洁。

（4）黄油雕作品应存放在15℃～20℃的恒温室内，其作品不易变味，有效期长。

（5）黄油雕配上合适灯光，使其作品更加高雅，绚丽多彩，赏心悦目。

二、巧克力雕

（一）巧克力雕概述

巧克力制品或装饰品在西点中应用非常广泛。近几年来，在国内外举办的各类烹饪比赛或大型展览上，采用巧克力工艺制作的食品也越来越多，它制作方便，可供制作的种类繁多，色泽质朴、典雅，备受宾客的喜爱。

小型巧克力雕，是用巧克力块雕刻出各种花、鸟、虫、鱼的形状，或用模具制作的巧克力插件，逗人喜爱、形态逼真。大型巧克力雕，应先做好骨架，然后抹上巧克力，再进行雕刻。

（二）巧克力雕的制作方法

（1）运用切、铲、卷等方法制作成各种形态的作品。一般工艺方法是：用“隔热法”将巧克力溶化，待巧克力降至使用温度时，将其抹到油纸或平整的大理石板上，待制品凝固后，根据作品所需用刀加工成一定形状的制品，如花鸟鱼虫、动物图案等，用于表面装饰，也可用刀刻成花卉形状。

（2）将巧克力溶化至适应温度时，装入裱花袋内，根据需要在油纸上挤出各种图形装饰品，如象形小动物松鼠、玉兔、金鱼、花卉、花边、花纹等。

（3）通过使用象形模具，使巧克力成为装饰品。制作方法是：将巧克力溶化，装入模具中，形成各种类型的巧克力制品，如花鸟鱼虫及各种小巧玲珑的巧克力制品及糖果等。

（4）巧克力面坯制作装饰物。巧克力面坯是制作大型巧克力雕的高级原料，用巧克力面坯制作成的巧克力作品，可塑性强而且不易溶化，无论硬度还是柔韧性都比一般巧克力好，如景观、人物、动物塑造等。

巧克力面坯的工艺方法是：将黑巧克力溶化后，与可可油、葡萄糖浆和糖水充分搅拌均匀，放入冰箱冷却。然后将冷却后的面坯，反复压榨成面团，制作成各种装饰成品。

（三）巧克力雕操作要点

（1）制作巧克力雕的关键，必须掌握巧克力的溶化温度，巧克力的溶化温度要控制在50℃以下，夏季最高不得超过55℃，巧克力的使用温度要根据巧克力中可可脂的含量及制品要求灵活运用，制作巧克力雕的温度应保持在20℃～25℃为宜。

（2）制作巧克力雕时，动作要迅速，手法要熟练，使其制品质感光滑、形态美观。

（3）制作巧克力雕时，一定保持台案、工具清洁干燥，以免影响成品光泽与卫生。

（4）巧克力作品应存放在15℃～20℃的恒温室内，使其在有效时间内不会融化和变质。

三、冰雕

（一）冰雕概述

冰是水在0℃以下结冻而成的，具有一定的硬度，清澈透明。用冰雕塑堆砌各种动物、人物及建筑，既美丽又壮观。当用以雕塑小鸟、动物、人物形象装饰餐桌时，非常别致，引人注目。近年来冰雕技术发展较快，其制品工艺有两种：一种是将水放入冰雕模具盒内，经冷却后即成各种象形物或器物装饰菜点；另一种是选用冰块堆砌后行雕刻而成的大型立体冰雕造型。前一种是多用于餐桌上，后一种多用于大型展台。

（二）冰雕的制作工艺

确定主题—设计造型—冰雕原料—初坯制作—精细雕刻—成品。

确定主题是依据宴会的内容和菜点需求，确定雕刻的对象。如冰雕作品“牛”的造型，对其动态、神态进行设计。根据牛的造型需求选用堆砌起的大型冰块。初坯制作时需要先对牛的头部动态、位置、大小及身躯、四肢等形体特征来进行确定。精细雕刻是对牛的面部、肢体动作及骨骼和肌肉纹理进行反复认真地雕刻。然后用冷水浇在作品上，使其表面光洁、更加晶莹剔透美观。

（三）冰雕工具

常用的水雕工具有：冰铲、电锯、绝缘电磨、冰雕夹子、冰雕磨头。

（四）冰雕注意事项

（1）制作冰雕作品的关键是在低温情况下进行，温度越低越好。一般情况下，在0℃较宜。将雕好的作品浇上清水，使其表面更加光亮。

（2）冰雕作品存放室温在以较低为宜，温度越低，存放时间就越长，并且要有盛托盛水器物，以免冰雕溶化水外溢。

（3）用冰雕模具制作的冰雕盛器，在装饰菜肴时，应在冰雕器物内用保鲜纸隔离菜肴。若是盛装刺身类的菜品更佳。

四、琼脂雕

琼脂雕就是采用琼脂为原料，将其浸泡蒸溶后调入果蔬汁或食用色素等，冷却成琼脂冻后再用其制作成不同风格的雕刻作品。特点是色彩鲜艳，如美玉一般，晶莹透明。既可食用，又可观赏，用琼脂雕刻高雅的艺术作品，使人耳目一新。它的独特风格，在食品雕刻作品中脱颖而出，成为食品雕刻大舞台上的时尚先锋。

（一）琼脂冻制作过程

琼脂冻制作过程是：①将琼脂用冷水浸泡透，拣去硬心，用刀切碎。②装入容器放入蒸箱内蒸至20分钟左右，待至呈糊状且充分溶解，取出琼脂倒入所需的容器中。③根据雕刻作品颜色需要加入先调好的果蔬汁或食用色素调至最佳效果。也可以把蒸好的琼脂倒入容器内，待凝固好后雕刻完成。④用喷枪把调好的颜色喷在作品上即可。

（二）琼脂雕的工具与刀法

主要有主刀、掏刀、戳刀。一般多采用主刀雕刻。下刀前要做到胸中有数，先用主刀定出作品的大体轮廓，用掏刀技法雕刻琼脂雕时是最适合的，刻时下刀准确到位，干净利索，下刀前要做到胸中有数，这样雕出的作品才有质量，给人以强烈的视觉美感。

（三）琼脂雕的特点

（1）原料不受季节的限制。

（2）作品晶莹剔透，似玉雕效果，具有强烈的视觉感。

（3）琼脂雕原料可重复多次使用，可以降低成本。

（4）色调变化多样，随心所欲，即可食用，又可观赏。

（四）琼脂雕刻的制作步骤

确定主题—设计造型—琼脂冻—初坯制作—细工雕刻—成品。

确定琼脂雕的主题如“雄鸡”，对其动态和造型进行认真设计，琼脂的冷却根据其长度、宽度和整件作品的大小来决定。琼脂雕刻颜色应根据所需事先加入食用色素调制或制品完成后喷色，初坯制作时首先刻出雄鸡的形体特征、动态造型和底座的大体轮廓，然后刻出雄鸡头、尾、的轮廓。细工雕刻是对雄鸡头、眼、冠及陪衬物细节进行反复认真的雕刻。最后根据宴会和菜点及展台的要求应用即可。

第九节　泡沫雕和糖雕

一、泡沫雕

（一）泡沫雕概述

泡沫雕是用泡沫板雕刻出的各种大型艺术作品，如动物、人物和景观等。有的作品根据造型需要涂抹颜色，主要用于各种大型展台或在美食节活动中观赏，其作品气势磅礴，造型逼真，可以增添气氛，具有很高的艺术性和技术性。同时还有一次制作、多次使用、存放时间长等特点。

1. 泡沫雕原料

高密泡沫板、胶棒或苯板胶、丙烯颜色料、竹签、粗细砂纸。

2. 泡沫雕工具与刀具

长形刻刀、胶枪、电钨丝、喷枪。

3. 泡沫雕刻的步骤

确定主题—设计造型—选择泡沫板—初坯制作—细工雕刻—组合应用。

确定主题是泡沫雕的作品应根据宴会或展台的内容需求来确定泡沫雕的对象。例如展台的主题为“中华魂”，对华表及陪衬物结构特征和造型进行设计，并根据造型的需求采取零雕整装法进行初坏制作，初坯制作时，还可用彩色笔在泡沫板上绘出所要雕刻的图案，将其高度比例、大小形状特征及造型进行确定。细工雕刻是对华表、底座及陪衬物底座、龙（头、身、背、鳍、尾、腿、爪等）各个部位进行反复认真的雕刻。最后根据展台的要求将其组合应用即可。

泡沫雕“中华魂”的技术关键（见图 3 - 55）。

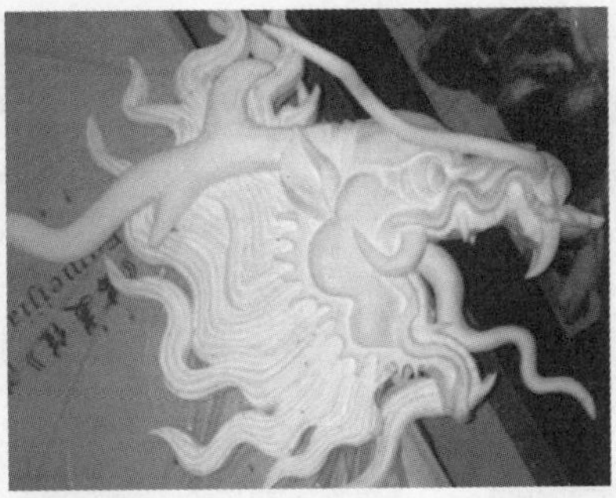

（1）泡沫龙头

（2）华表两侧的朵云

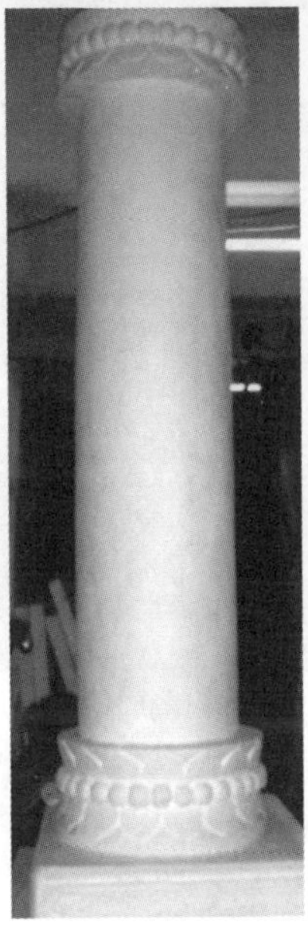

（3）华表的圆柱

（4）华表龙身的细节

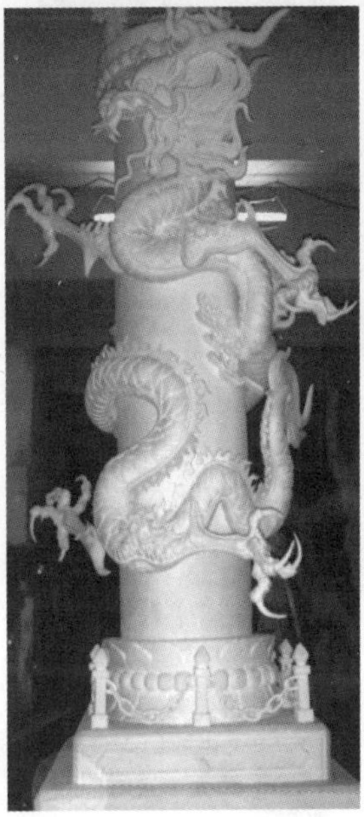

（5）“中华魂”泡沫雕成品

图 3－55 泡沫雕“中华魂”的技术关键

（二）泡沫雕“展翅高飞（苍鹰）”的雕刻工艺流程

（1）取高密泡沫板一块，在上面画出鹰的头部。

（2）用电阻丝切割出鹰的身体大形。主刀雕刻出嘴巴的形状。把鹰腿和头部分开。

（3）用泡沫主刀雕刻出鹰身上的羽毛。刻出腿部最后面的羽毛。

（4）用电切割工具雕刻出浪花的大形。

（5）另取泡沫薄板修出翅膀大形。用泡沫主刀刻出翅膀第一层的羽毛，完成三层羽毛的雕刻。

（6）用电切割工具和主刀修出尾部的大形，精细雕刻出尾部的羽毛。最后组装完成。

泡沫雕“展翅高飞”的技术关键（见图 3－56）。

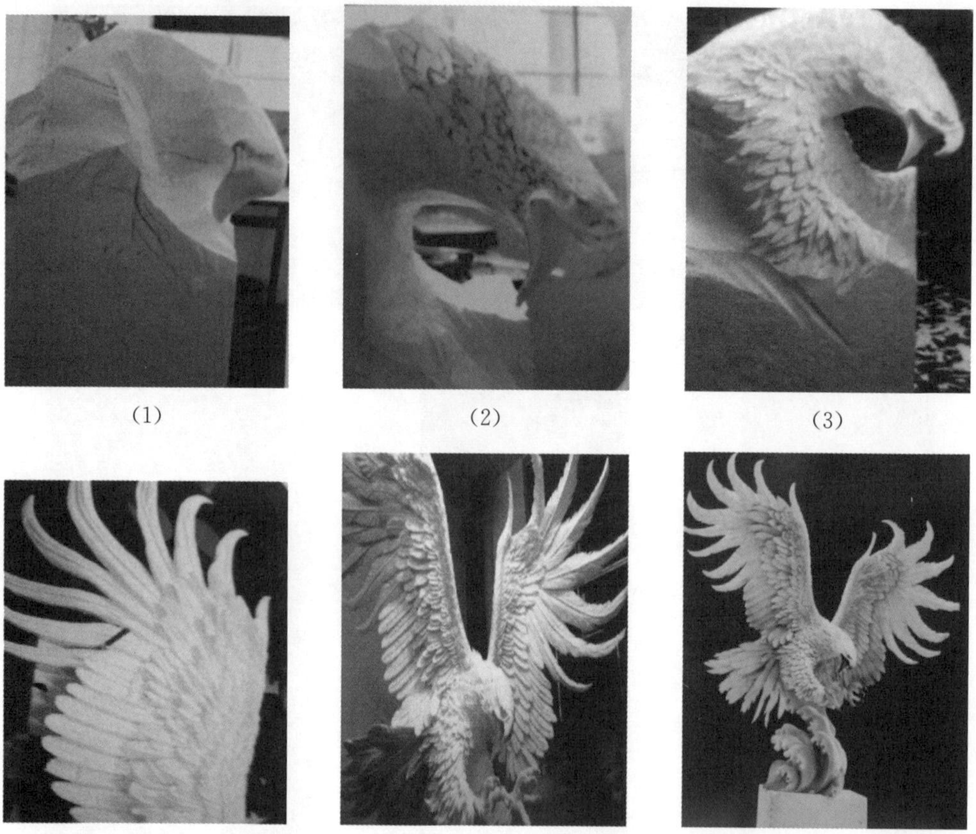

(1) (2) (3) (4) (5) (6)

图 3-56 泡沫雕“展翅高飞”的技术关键

二、糖雕

糖雕是西点师傅的一项基本功。近几年来，在我国各地举办的各类烹饪比赛或大型展览上，中餐师傅采用糖粉和脆糖工艺制作的食品也越来越多，其大气磅礴的造型，浮翠流丹的色彩，令人耳目一新，怦然心动。备受业内人士和烹饪爱好者欢迎。糖雕的制作方式有糖粉雕和脆糖雕两种。

（一）糖粉雕

糖粉在西点中运用广泛，可以制作多种造型用来美化食品。一种是糖粉膏，用糖粉与蛋清（或加入适量葡萄糖）搅拌后混合而成；另一种是糖粉面坯，用糖粉与蛋清、鱼胶、葡萄糖制成的较硬、类似面坯的原料。前者多用于点心的一般小型制品装饰，如西点制品的拉线（花边）镶嵌等。后者多用于造型，如各式糖粉花、花鸟鱼虫、动物及人物的造型物等。

1. 一般糖粉膏的工艺

（1）糖粉膏用料配比：糖粉 250 克，蛋清 50～80 克。

（2）工艺方法：将糖粉放入容器内，先加入少量蛋清，用中速搅拌至起发，随后再加入蛋清，继续搅拌，待糖粉原料色白、细腻时加入适量的柠檬汁，再继续搅匀即可。如需颜色，可加入适量的食用色素。

（3）注意事项：

①糖粉雕制品质量的好坏，与糖粉、蛋清及柠檬汁的搅拌有很大关系，调制时，搅拌的时间应适中，若时间短糖粉膏不起发，而时间长糖粉膏容易溶解，影响制品的可塑性和立体感。

②调制糖粉膏时，柠檬汁的加入也应适量。因为加入量过少，制品不宜干燥定型，挤出的制品不易于成形，变得粗糙形成蜂窝状，使制品失去细腻及光亮，影响制品的可塑性。一般按照每500克糖粉加入柠檬汁10～20克为宜。

③调制糖粉膏时，所用的糖粉无异物和杂质，保持操作的连贯性及制品的细腻度。

④若是用于制品表面，糖粉膏可以稀一些，若是用于制作立体的糖粉膏可以稠一些。因此在调制时，要在充分了解糖粉膏所用的目的、要求的基础上，灵活掌握糖粉的软硬度。

⑤糖粉膏的使用过程中，用保鲜纸盖好容器口，以免糖粉膏脱水变干，不便于操作。

糖粉膏可以结合西点中的裱花嘴，挤出各种花鸟鱼虫、人物及动物的造型图案等，而且还能用于大型的蛋糕的挂边、挤面、拉线。

2. 糖粉面坯的工艺

糖粉面坯类制品，是西式面点装饰工艺中经常使用的造型原料，其制品是高级宴会甜点装饰、各种大型结婚蛋糕、立体装饰物常用的装饰品。

（1）用料配比：糖粉4000克，鱼胶片400～500克（用之前溶化），葡萄糖100克，柠檬汁100克，若需颜色可加入适量食用色素。

（2）工艺方法：

①将糖粉、葡萄糖放入搅拌机内，在快速搅拌的过程中，慢慢地加入溶化的鱼胶。根据糖粉面坯的使用目的、要求灵活掌握软硬度。

②糖粉成团后，加入溶化的色素及柠檬汁，颜色的调配应根据需要来确定。

③糖粉面坯的装饰方法：糖粉面坯的装饰工艺方法是多种多样的，按制作原料的种类和性质划分，常见的有下述方法。

A. 包裹法：制作大型装饰蛋糕时，一般用糖粉面坯包蛋糕坯，使其表面平滑整齐，厚薄均匀。首先将蛋糕坯或蛋糕坯代用品加工平滑整齐，然后，将糖粉面坯压薄、压均匀，包在蛋糕坯或蛋糕坯代用品的表面。

B. 模具法：压薄后的糖粉面坯，还可以刻成或用象形模具切成各式装饰用品。如花卉、叶子、蝴蝶、鸽子、鱼等，多用于蛋糕表面或蛋糕边的装饰。在制作时要注意刻制的小装饰品，大小薄厚要一致。

C. 镶嵌法：所有蛋糕坯包好后，可将剩余的糖粉面坯制成各式各样的小型装饰，也可根据所需颜色调制上色后再刻成小装饰物，并放在干燥通风的环境下，使其干燥变硬后，再进行组装。

D. 粘贴法：大型糖粉面坯装饰蛋糕上的各种点缀，要用糖粉膏来粘贴。粘贴后要及时将多余的糖粉膏清除掉，以防干硬后影响制品的美观。

另外制作大型糖粉装饰品时，所需的工艺及时间都较多。所以有些复杂的作品，要事先设计出主题造型图案。

（3）糖粉面坯雕操作要点：

①糖粉面坯调制好后，应存放在密封的容器内或用保险纸包裹，以防糖粉面坯脱水变干、变硬，不易制作。

②在加工糖粉面坯时，所要制作的装饰品做到胸中有数，一次成型，避免重复多次。

③在拿放及移动糖粉面坯制品时，要非常仔细小心地轻拿轻放，不要使制品断裂或弯曲，以免影响下一步的组合。

④在制作糖粉面坯时，应注意保持清洁，不可沾上其他的杂物，以免影响成品的光亮与卫生。

此制品在西点中可用于小型的装饰品，如小型蛋糕、各种甜点的托架、网架、支架和甜点装饰盘上的装饰物等；节日点心的装饰品、礼品盒等，如五彩缤纷、圣诞松树、雪人等。

（4）糖粉雕作品展示（见图 3-57）。

（1）孔雀牡丹

（2）花卉

（3）海底世界

图 3-57 糖粉雕

（二）脆糖雕

脆糖雕是将白砂糖、葡萄糖和柠檬酸上火熬至特定温度而制作成的一种即可食用又可观赏的脆糖艺术品。在熬制过程中，可以加入各种颜色的色素，使脆糖呈现出所需的色彩。因此，用脆糖制作出的立体装饰品，不仅制品晶莹剔透、色彩斑斓，而且用脆糖制成的花鸟鱼虫、人物的造型更加逼真、生动活泼。

1. 脆糖的特性

脆糖雕是用糖的物理特性，经加热到一定温度而制作成的。在熬制时必须加入适量的酸性物质，以防溶化的糖分子重新结晶。

糖加热到某一温度后，糖的特性有极大的变化，通过抻拉可形成晶莹剔透的面团样，这时可运用各种操作方法、制作工艺，制成各种造型的饰品，如花朵、树木、草叶以及动物等，制品凉后即可成型。脆糖制品在室温下可保持较长时间，制品不易因受潮、受热而溶化变质，并且具有较好的立体感，自然逼真、晶莹剔透，色彩绚丽生动。因此，脆糖是生产制作大型装饰品的首选品种。

2. 脆糖的工艺

(1) 用料配比：砂糖 2000 克，水 800 克，葡萄糖 400 克，柠檬汁 1/4 只，色素适量。

(2) 工艺方法：

①将糖和水放入锅里，加热，用手勺不停搅拌，使其受热均匀。

②糖水开锅后改用中火，用手勺将锅内浮沫除去，并不时将锅边的结晶糖及时除去，以免影响制品的光亮度。

③待糖完全溶化后，加入葡萄糖和柠檬汁，继续熬至 138℃时，加入作品所需要的色素，熬至 156 度时将锅离开炉口，放到备好的凉水盆内蘸一下锅，以便降低锅内糖水温度。

④将糖浆倒在抹过一层植物油的大理石案台或不粘垫上，待糖的温度降至可以用手拿时反复拉几下，糖团发亮后，即可根据所需的造型制出作品。

⑤根据需要不同的颜色，加入不同的色素，使其色泽绚丽多彩。

3. 脆糖雕的操作要点

(1) 脆糖工艺的关键是掌握好熬糖的温度与火候的变化，温度不够或温度过高都会直接影响脆糖制品的质量与造型的成败。

(2) 制作脆糖作品时，事先应备好所有的工具、用具及操作台，以便随时取用，不宜时间过长。

(3) 在制作脆糖装饰品时，应事先胸中有数，动作熟练，手法要迅速、准确，一气呵成。因为脆糖在室温下极易冷却变硬，影响制品的造型。

(4) 在制作脆糖制品时，手上要适当擦上一点油脂，以免黏手使其表面粗糙无光泽。

4. 脆糖雕作品展示（见图 3-58）

(1) 花卉　(2) 鹦鹉　(3) 龙虾

图 3-58 脆糖雕

复习思考题

1. 什么是器物和景观雕刻？
2. 景观雕刻的要点是什么？
3. 景观雕刻作品在装饰菜点应注意什么？
4. 人物的造型特征是哪些？
5. 什么是瓜雕？瓜盅、瓜灯雕刻步骤有哪些？
6. 什么是奶油雕？奶油雕分为哪几种？
7. 黄油雕操作要点有哪些？
8. 巧克力雕的工艺方法有哪些？
9. 糖雕的制作方法有哪些？
10. 什么是糖粉膏和糖粉面坯？
11. 什么是脆糖雕？脆糖雕方法和操作要点有哪些？
12. 什么是琼脂雕？特点是什么？
13. 什么是冰雕？冰雕的注意事项是什么？
14. 什么是泡沫雕？

第四章 冷菜拼摆造型艺术

学习目标

1. 了解冷菜的地位和意义
2. 掌握学习冷菜拼摆的适用范围
3. 理解冷菜拼摆的特点及作用
4. 掌握冷菜拼摆的选料、图案设计及制作技能

第一节 冷菜的地位和意义

冷菜就是不经过加热或加热成熟经冷却后再食用的一类菜肴的统称（见图 4－1）。首先和食用者接触的第一道菜，素有菜肴“脸面”之称，也被人们称为迎宾第一菜，它先入为主。冷菜的质量直接关系整个宴席程序进展的效果，起着“先声夺人”的作用。所以，冷菜的好坏直接影响客人的情绪。

图 4－1 冷菜

一、冷菜造型的地位

冷菜造型又称冷拼、冷菜拼摆或凉菜拼摆，是根据食用要求，将经过加工的冷菜原料，运用不同的刀法和拼摆手法，制成具有一定图案的拼盘。

中国菜肴以色、香、味、形俱佳而著称世界，其中冷拼艺术以精巧的造型，娴熟的拼摆技法、丰富的口味赢得食者的欢迎和赞赏，在各种宴会、酒席中起到重要的作用，同时促进中国烹饪向新的高度发展，有着不可替代的重要地位。

冷拼的制作与热菜制作迥然不同，有着自己独特的技艺，其特点如下。

（一）口味独特

凉菜的口味特点是无汤、不腻、干香、脆嫩、爽口等特点。它的口味必须入口才能感觉到，一般是味透肌里，越嚼越香，食后唇齿留香。

（二）加热烹制

冷拼菜肴有热制冷吃和冷制冷吃两种。大多是先烹调后切配，可以大批量制作，多次使用。

（三）刀工处理精细

冷拼的菜肴原料多数是熟料，经过刀工处理后随即装入盘。故刀工在冷拼中的应用要求更细致，刀工的好坏直接影响拼摆的质量。娴熟的刀工是创造高质量冷拼的技术保障。

（四）装盘造型

冷拼原料经过刀工处理后靠拼摆成形。要求装得丰富饱满，不能过分追求形式和美观，那样会显得华而不实。

（五）食用

冷拼一般要凉后食用。食用不受时间限制，便于携带。可以作为柜台、橱窗的陈列品，展示菜肴的精巧艺术。冷拼食用时，对卫生的要求极为严格，安全卫生是冷拼的基本要求。

为什么说冷拼菜肴在筵席中的地位不可替代呢？因为它具有独特的风格，被称为“立体的画，无言的诗”。冷拼菜肴一上桌，会从造型、色彩、气味等方面给客人一个感性印象，使其对菜肴作出评判，并刺激其产生不同程度的食欲，从而为整桌宴席的印象打下一个良好的基础。比如刀工精细，拼摆又富于艺术性，整个冷拼色、香、味、形俱佳，就能引起食者旺盛的食欲。冷拼一旦展示在餐桌上，就要发挥“特色品牌”的作用，展示精湛的厨艺，活跃整个宴席气氛。使人心旷神怡，兴趣盎然，食欲大增。既满足人们的审美情趣的需求又能让人大饱口福，因此制作完美的冷拼能使宴席锦上添花，魅力倍增，大大提高宴席的身价和品位，在烹饪中占有着不可替代的重要地位。

二、冷菜造型的意义

冷拼是中国烹饪的重要组成部分。具有简洁清新、色艳尔雅、风味多样的特点，冷拼制作既是一门技术，也是一种艺术，它是冷菜的深加工。冷拼制作注重创新和造型艺术，给人以色、形美的感受，且味美可口，可以通过形象的形式反映社会生活和自然景致，表现作者的意图，常以优美的造型取悦于人，对于宴席有着非同一般的意义。其具体意义如下。

（一）美化宴席、增进食欲、陶冶情操

一些普通的冷拼原料，经过厨师精心地构思和细致地拼摆，形成色彩绚丽、形态美观、滋味鲜美的冷拼作品。它能使食者赏心悦目的同时又能品尝美味，把美带给人们，使食者食欲大开。冷拼制作可以结合宴会的形式，表现出一定的主题思想，增进和加深宾主之间的友谊。

（二）冷拼的精细程度能反映宴席的档次

冷拼以开路先锋的角色与食者首先见面，而且占有相当大的比例，一般约为宴席菜肴成本的20%左右。冷拼原料的种类和滋味能显示宴席规格的高低。一般高档宴席用料上乘，价格昂贵。普通宴席用料一般。冷拼的口味和口感是衡量冷拼质量的一个指标。口味多为干香无汤、脆嫩鲜醇、爽口不腻、利于食用。口感必须以嫩为主，应清脆爽口，不宜烂腻。

（三）冷拼能反映厨师的艺术修养和技能技巧

冷拼以精湛的刀工、优美的造型、明快的色彩、丰富的口感给食者留下深刻的印象。这些都考验了厨师从构思命题，立意到拼摆造型以及色彩的合理运用等一系列的艺术行为。没有一定的艺术修养和高超的操作技能很难制作出客人满意的冷拼作品。

（四）冷拼能活跃气氛，增加艺术感染力

冷拼可以紧扣宴会主题。结合宴会的内容，制作出各种款式新颖、立意鲜明、形态活跃、有创意的艺术作品，以达到活跃宴会气氛，丰富食者的谈话内容，增加雅兴，增进宾主的友谊，烘托宴会主题的艺术效果。

冷拼是食用与欣赏组合的艺术，在烹饪艺术中具有特别重要的地位和突出的意义，是中国菜肴中别具特色的一大类别，是酒席便餐中不可缺少的菜品。在国内外享有很高的声誉。我们应在继承传统，保持特色的基础上，不断开拓创新，创作富有时代气息的造型美观的冷拼，让冷拼艺术之花越开越盛。

第二节　冷菜艺术造型形式

冷拼的原料一般以干香，脆嫩，鲜醇，多味无汤，不腻为好。冷菜拼摆既是一门技术，又是一种艺术，它是食用与欣赏的组合艺术，为食者所瞩目，被誉为厨艺杰作。在人们日常饮食生活中应用非常广泛，不仅在宾馆、酒楼宴席中是不可缺少的菜品，在家宴餐桌上也随处可见。一般作为开席菜，首先进入餐桌与用餐者见面，它的形式组合和色彩搭配好坏影响客人对整桌宴席的评价。

冷拼的种类在某种意义上来讲是指冷拼造型的类别。按拼摆技术要求和工艺难易程度以及所用冷拼原料种类的多少和拼摆形式可分为非花色冷拼、什锦拼盘和花色拼盘三大类。

一、非花色冷拼

非花色冷拼又叫一般拼盘。冷菜原料在五种或五种以下经过一定的加工，运用简单的形式拼装入盘称为一般冷拼。一般冷拼是最基本的冷拼凉菜，从内容到形式比较容易掌握，但必须具备良好的基本功，一般冷拼从冷菜品种的运用上，又分单拼、双拼、三拼、四拼、五拼等类型。

（一）单拼

单拼，又称单盘、独碟，是以一种可食的冷菜为主拼摆出的冷盘，其要求是整齐美观、堆摆得体，量少而精。常见的装盘形状有自然形、馒头形、长方形、菱形、桥梁形、花朵形等，见图 4－2。

(1)

(2)

(3)

(4)

图 4－2　单拼

（二）双拼

双拼，又称对拼、两拼，是把不同的冷拼原料拼装在一个盘内，原料一般是两种色泽，要做到色彩分明、装盘整齐、线条清晰，给人一种整体美。常见装盘形状有馒头形、花朵形等，见图 4－3。

(1)

(2)

(3)

(4)

(5)

(6)

图 4-3 双拼

（三）三拼

三拼是把三种不同的冷拼原料装在一个盘。其技术难度比双拼复杂一些，装盘形状一般是馒头形、菱形、桥梁形、花朵形等，见图 4-4。

(1)

(2)

(3)

图 4-4 三拼

（四）四拼和五拼

四拼和五拼属于同一类型。不同的是原料的品种多了几种，色泽更鲜艳一些，在拼装时要注意色泽的搭配合理，故拼摆的方法复杂一些，技术难度更大一些，见图 4-5。

(1)

(2)

图 4-5 四拼和五拼

二、什锦拼盘

什锦拼盘是将多种不同的冷拼原料通过荤素合理搭配，根据盛器的造型特点经过适当的加工整齐地拼装在一个盘内。这种冷盘讲究外形整齐、刀工精细、色彩协调、口味多变、图案悦目、注意拼装技巧。常用的装盘形状有几何图形、花朵形等，见图 4－6。

(1)

(2)

图 4－6　什锦拼盘

三、花色拼盘

花色拼盘又称象形拼盘、艺术拼盘等。这种拼盘是根据一定的主题精心构思后，采用多种不同的冷拼原料，合理搭配运用不同的刀法和拼摆技法，在盛器内有目的的拼摆成各种花鸟鱼虫风景等图案。它用优美的造型取悦于人，不仅给人以色、形、美的享受，而且味美可口，深受客人的欢迎。随着烹饪技术的普遍提高，这种冷盘在宴席上得到了广泛应用。它的特点是艺术性强，难度大。要求图案色彩艳丽，形态逼真。图案的设计和拼摆技巧生动典雅。花色拼盘一般不单上，常与单碟或拼盘同上，因为放在宴席席面中间，也称中盘、主盘，见图 4－7。

(1)

(2)

图 4－7　花色拼盘

食用和审美相结合是花色拼盘的首要原则。花色拼盘必须以食用价值为主，观赏价值为辅。在冷拼制作过程中，两者要有机地结合，观之令人心旷神怡，食之有味。相互依存，相互制约，要注重可食性。食用是它的主要方面，切忌单纯追求观赏性，同时要避免单纯考虑食用价值，忽视冷拼的艺术美。花色拼盘的形状应以使人赏心悦目为原则。要根据宾客的国籍、所在地区、年龄、宗教信仰、饮食习惯及宾客的喜好和禁忌等情况，有针对性运用冷拼图案，注意一些令大多数人反感的形象要避免出现在餐桌上，切忌使用国家禁令的有关图案拼制在冷盘上。

在制作花色拼盘时要注意以下几点。

（一）刀工精细

花色拼盘是否美观，取决于刀工精细与否。刀工精细的原则是根据冷菜的不同性质、不同的造型，正确运用不同的刀法，对切制各种原料形状都应长、短、粗、细、厚、薄均匀，做到整齐划一，干净利落，切忌有连刀现象。对原料成形还要便于食用，娴熟的刀工及手法是表现和塑造冷拼艺术形体的重要环节。因此，能在实践中灵活运用扎实的刀法基本功，是冷拼艺术的成功关键。

（二）合理搭配色彩

花色拼盘是将各种不同色彩冷拼原料，运用不同的艺术手法，拼摆出色彩艳丽的冷盘。尽量利用物料的自然色彩，不用人造色素。花色拼盘是否协调美观，主要是色彩协调搭配的结果。花色拼盘色泽的好坏，不仅影响外观美，而且关系到能否刺激人们的食欲，因此，要注意不同原料色彩间的搭配和衬托。要根据冷菜作品的要求，充分利用各种原料所具备的颜色、运用色彩对比、明暗对比、冷暖对比、补色对比等合理搭配出色彩鲜艳、素雅大方、和谐目的效果。作品的特色、色彩要与实际相符合，切忌原料颜色重复使用，色彩配比上要对比统一、和谐、匀称，给人以素雅、明快之感，不宜太花哨。

（三）营养卫生

花色拼盘制作的最终目的是为了人们食用。制作花色拼盘时在注重口感和观赏性的同时还要注重营养卫生，营养卫生是冷拼的基本原则之。饮食的目的是摄取营养，满足人体生理需要。随着社会科学技术的不断发展，人们对饮食营养成分的需求将会更趋于科学化、系统化、合理化。因此，在花色拼盘制作时，要根据饮食对象的年龄、性别、工作、身体状况不同合理设计出有不同营养成分的冷菜。注意荤素间的搭配以及各种原料之间营养成分的搭配。在拼装组合过程中要讲究原料卫生、个人卫生和工作环境卫生。花色拼盘的拼摆应随拼随食，拼制过程要尽量缩短时间，以免菜品受到污染。生食原料不能与熟食菜品混摆，以免引起食物中毒。营养要搭配合理，原料禁止使用非食品原料，冷盘成品最好用保鲜膜保存。

（四）花色拼盘宜现做现用

花色拼盘相对一般拼摆时间较长，冷拼原料使用种类较多，拼制难度较大。因此，要根据宾客开餐时间进行拼装，做到随拼随食，以保证花色拼盘造型美观，色彩艳丽。冷拼原料的色、香、味质保持应有的风味特色。

（五）构思新颖、勇于创新

构思新颖、勇于创新是指在传统冷拼的基础上继承和发扬，不断变革创新，与时俱进。根据人们的审美意识的不断提高，对美的追求与日俱增，大胆开拓花色拼盘构思新思路，创新拼制出符合现代饮食环境，满足人们饮食需求的冷拼菜肴。

（六）有益于食用

制作凉菜的目的是食用，从而达到养身健体的作用。凉菜拼摆的目的更是为了使人们在食用过程中获得精神享受，所以不管拼摆制作什么样的冷菜，应以食用为前提，同时兼顾色、香、味、形的合理组合，防止拼摆一些华而不实的冷盘。

（七）硬面和软面的结合

所谓硬面，是用质地较为坚实，经过刀工处理后具有特定形状的原料排列而成的整齐而具有节奏感的表面。所谓软面，是不能整齐排列的比较细小的原料，堆起来所形成的不规则的表面。在各种冷菜中硬、软面都应结合使用，以达到相互衬托的作用。硬面与软面是两种表面形状不同的原料，在组合中应注意衔接得当。接口处整齐、平整、不漏空缺。

（八）选用好盛器

俗话说“美食不如美器”。说明盛器的选用对冷菜的拼摆是非常重要的。容器的选择也是花色拼盘中重要内容之一，盛器的外形同原料拼摆成的形状、图案要协调。盛器的颜色同原料的本身的色彩要和谐，这对于冷盘的外观都有很大影响，所以选择好盛器。拼制花色拼盘应选择白色或浅色花纹的盛器，或者根据所拼摆的内容选择不同形状的盛器。这样可以使拼出的图案形象清晰悦目、富有艺术美。

第三节　花色造型拼盘的制作

在制作花色拼盘时，所用原料种类较多，色彩多样，这些原料来源广泛，有色彩鲜艳的蔬菜原料，有经过简单熟处理的动物原料，还有一些形状和色彩比较特殊，需要经过加工和调色的原料等。

一、冷菜拼摆原料

（一）常用原料

黄瓜、芥蓝、心里美萝卜、胡萝卜、角瓜、西兰花等蔬菜原料。

（二）特殊冷拼原料制作方法

1. 蛋松

（1）原料：鸡蛋4个、味精3克、盐10克、色拉油1000克。

（2）制作方法：

①鸡蛋打破入碗搅匀，加入盐、味精。

②锅内注油烧热，将鸡蛋液慢慢倒入锅内，边倒边搅，炸至黄色捞出，用手撕开装盘即可。

（3）制作关键：

①蛋液要搅匀。

②油烧四五成热，要用新油。

③要边倒边搅转油，呈线状入锅。

2. 鱼松

(1) 原料：黄鱼1000克、料酒50克、精盐10克、味精2克、花椒2克、大料2克。

(2) 制作方法：

①黄鱼取肉入清水内浸泡发白。

②捞取鱼肉加料酒、姜葱、精盐、花椒、大料上笼蒸20分钟。

③取出鱼肉控干水，撕成细丝。

④将鱼肉炒干水分，边炒边揉，炒至鱼肉发松发亮即可。

3. 肉松

(1) 原料：牛肉（或猪肉）1000克，盐12克，白糖、味精各3克，花椒、大料、桂皮、料酒、姜、葱适量。

(2) 制作方法：

①将肉切成大块，焯水。

②锅中加水放入肉，上述调料煮熟，撇去浮油，收浓汤汁至将干时出锅，撕成条丝状。

③锅中加少许油，将肉丝炒焙干水分，边炒边揉成絮状。

4. 菜松

(1) 原料：菠菜叶500克、色拉油1000克、精盐4克、味精1克、香油2克。

(2) 制作方法：

①将菠菜叶切成2毫米的细丝。

②锅中油烧至四成热左右，放入菜丝炸至酥脆，捞出沥干油，加入调料即可。

5. 蛋糕

(1) 原料：鸡蛋1000克、精盐20克、味精3克、猪化油少许。

(2) 制作方法：

①鸡蛋敲开，蛋清蛋黄分开，分别加入精盐、味精，轻搅均匀（不可起泡）。

②取平盆两个拌上猪化油，倒入蛋液，入笼小火蒸至凝固出笼，趁热脱出盆，冷却即可。

6. 鱼糕

(1) 原料：鱼肉450克、热猪油75克、精盐15克、鸡蛋清2个、料酒、葱姜水适量、湿淀粉50克。

(2) 制作方法：

①鱼肉用刀背后砸成极细的泥蓉，放入盆中，加入姜葱水、料酒、味精、鸡蛋清、精盐、湿淀粉、熟猪油，顺向搅打至稠糊状。

②将鱼糊倒入抹有油的高边盘中，上笼蒸40分钟即可出锅，晾凉切片即可食用。

7. 虾糕

(1) 原料：虾仁200克、鸡蛋清50克、精盐3克、味精2克、湿淀粉50克、猪肥膘80克。

(2) 制作方法:

①虾仁、猪肥膘分别捶成细泥。

②将虾泥用清水懈散成糊状,加入精盐、猪肥膘泥、鸡蛋清、湿淀粉、味精搅匀,平摊于盘内约 1.5 厘米厚,上笼蒸熟。

③取出晾凉切片,装盘即成。

8. 蛋卷

(1) 原料:鸡蛋皮 2 张、蛋清淀粉、猪肉泥 150 克、湿淀粉、蛋清适量。

(2) 制作方法:将肉泥加入调料搅转拌匀成馅,取鸡蛋皮一张,抹上蛋清淀粉,再抹上一层肉馅,再在肉馅上抹一层蛋清淀粉,再盖上另一张鸡蛋皮后,再抹上蛋清淀粉,卷成圆筒状,上笼蒸热,晾凉切成片装盘即成。

9. 紫菜蛋卷

(1) 原料:紫菜 1 张、鸡蛋皮一张、鸡肉馅 150 克、蛋清淀粉适量。

(2) 制作方法:将鸡蛋皮平铺,抹上蛋清糊,再铺上一层鸡肉馅,在其上面铺上一层紫菜,再铺上一层鸡蓉,然后鸡蛋皮的两头向中间卷,成如意状,翻放在盘中,上笼蒸 15 分钟左右,取出晾凉即成。

10. 萝卜卷

(1) 原料:白萝卜 250 克、胡萝卜 150 克、白糖、白醋少许、精盐适量。

(2) 制作方法:

①将白萝卜去皮,片成大薄片,胡萝卜去皮去掉黄心切成细丝,放在淡盐水中浸泡 20 分钟,用冷开水投净,控干水分。

②把白萝卜片、胡萝卜丝放入糖醋调成的汁中浸泡至软入味。

③白萝卜片平铺放上胡萝卜丝裹成卷,斜切成马蹄状装盘即成。

二、花色造型拼盘的制作流程

花色冷盘的拼摆步骤比一般冷拼要复杂得多,一般冷拼注重实用价值,讲究整齐美观,而花色冷盘不但讲究实用价值,而且要追求艺术审美效果,满足人们的物质和精神上的享受。其制作步骤有构思、命题、选料、垫底、盖面、点缀等。

(一) 构思

构思是对宴席的全部情况进行详尽的分析,明确主题,选定题材、内容和表现手法。根据宴席的内容、规模和标准、宴席的季节性、就餐时间长短、就餐环境、就餐宾客的身份、饮食习惯、审美标准以及厨房的技术力量进行构思,通过构思阶段就可以为拼盘制作设计出效果图。

(二) 命题

命题是根据构思形成的图案进行命名。在命名时要紧扣主题,注意名称和实际相符合,突出喜庆、吉祥的氛围,既通俗又典雅,不能过于夸张花哨。

（三）选料

选料是根据构思及命题确定的主题图案进行选择冷菜。在选择过程中应合理搭配图案各部位的色彩质地，依照色彩质地、刀工成形的标准，确定冷菜品种，协调各部位的冷菜口味，选择好盛器的大小及式样，使整个冷盘组合完整合理。

（四）垫底

垫底是拼摆的第一个步骤。是按所设计的图案把选好的原料进行适当的刀工处理，在盘内拼摆雏形，而这个雏形的好坏是花色拼摆的关键，也是一个基础。相当于勾画拼摆粗线条阶段、直接影响整个冷盘的拼摆效果。垫底原料一般选择可塑性较强的细小质软的冷菜，拼摆时注重雏形轮廓的形状与平整度。

（五）盖面

盖面是根据垫底雏形把不同颜色的原料覆盖在垫底原料上，按照图案形象的要求分部位拼摆成完整的整体。盖面是一个组装成形的过程，可以先在菜墩上按部位顺序排列好，再码在盘内的轮廓上，也可以把加工好的原料拼贴在盘内的轮廓上，拼摆的程序是：一般先拼底后拼面，先拼边后拼中间，先拼尾后拼头，先拼主体后拼空间，先拼下部后拼上部。

（六）点缀

花色冷盘的点缀，是为了突出整个冷盘的完整效果，弥补冷盘只求美观性而食用性不强的欠缺，以求冷盘造型的可观性与可食性俱佳的效果，起到画龙点睛的作用。点缀品一般以色彩鲜明的蔬菜、瓜果的小型雕刻和熟食为主，操作时要注意以下几点。

（1）凡是盘面上刀工整齐、形态较美观的，点缀品宜放在盘边。如果盘面上的刀工并不整齐好看，点缀品宜放在上面以弥补不足。

（2）凡是色泽比较暗淡不够醒目的冷盘，上面或中间可以放点缀品。凡是色彩鲜艳的冷盘，可用对比强烈的原料来点缀，宜放在盘边。

（3）点缀品的大小形状要与冷盘的式样相统一，相协调。

（4）点缀品要少而精，不可滥用，切忌画蛇添足或喧宾夺主，一定要突出主题，装入盘内的点缀品要求能食用。可食性生料要严格消毒，防止食品污染。

为了更好地让学习者直观地看到花色冷拼的制作方法，下面简单介绍几种花色冷拼的制作过程。

实例一：蝴蝶的拼摆

（1）原料：糖醋红心萝卜、盐味黄瓜、黄蛋糕、盐味胡萝卜、鸡丝卷、绿色鱼蓉糕、墨鱼卷、酱猪耳、盐水虾、白灼西蓝花。

（2）制作方法：

①肉松在盘内码出蝴蝶的初坯。

②用糖醋红心萝卜、盐味黄瓜、盐味胡萝卜摆成喇叭花和栅栏，见图 4－8。

③用盐味胡萝卜、盐味胡萝卜、盐味黄瓜、黄蛋糕切成圆头片排叠成蝴蝶，见图 4－9。

④用鸡丝卷、绿色鱼蓉糕、墨鱼卷、酱猪耳切成片摆成假山，盐水虾、西蓝花摆在假山底部，用盐味黄瓜刻成小草加以点缀即成，见图 4－10。

图 4－8　喇叭花和栅栏

（1）

（2）

图 4－9　蝴蝶

（1）

（2）

图 4－10　蝴蝶的拼摆

(3) 特点：生动活泼，逗人喜爱。

实例二：锦鸡的拼摆

(1) 原料：肉松、墨鱼糕、盐味黄瓜、盐味胡萝卜、黄蛋糕、白蛋糕、红泡椒、烤鸭脯、紫菜蛋卷、酱猪舌、糖醋青萝卜、糖醋心里美、红樱桃。

(2) 制作方法：

①用糖醋青萝卜摆出两个芭蕉叶的形状，见图 4－11。

②用鱼松垫底摆出锦鸡的身体轮廓，用墨鱼糕切成条摆出锦鸡的尾巴，盐味胡萝卜、糖醋心里美、黄蛋糕、白蛋糕、红泡椒、切成小柳叶片摆出锦鸡的身体，糖醋胡萝卜皮刻成腿爪，用盐味胡萝卜刻出锦鸡的头部后安装在颈部，见图 4－12。

图 4－11 芭蕉叶

图 4－12 锦鸡造型

③盐味胡萝卜、盐味黄瓜、烤鸭脯、紫菜蛋卷、酱猪舌、糖醋心里美切椭圆片摆出假山即可，见图 4－13。

(1)

(2)

图 4－13 假山

（3）特点：制作精细，造型美观，寓意深远。

实例三：金鱼的拼摆

（1）原料：琼脂冻、菠菜汁、拌鱼丝、白蛋糕、黄蛋糕、盐味胡萝卜、西式火腿、酸辣黄瓜、盐水虾、五香牛肉、紫菜蛋卷。

（2）制作方法：

①取一只 16 寸圆盘，先将琼脂冻溶化，加入菠菜汁，倒入盘中，冷却后待用。

②在盘内用拌鱼丝分别码成两只不同姿态的金鱼初坯。

③调色白蛋糕切成长柳叶形片排叠出鱼尾，黄蛋糕、白蛋糕切成鱼鳞形片从鱼尾到鱼头排叠出鱼身，用盐味胡萝卜刻出鱼嘴，红樱桃、酸辣黄瓜点缀出鱼眼及胸鳞和腹鳍。五香牛肉、紫菜蛋卷、西式火腿、盐水虾拼摆出石山即可，见图 4－14。

图 4－14　金鱼的拼摆

（3）特点：小巧玲珑，逗人喜爱。

复习思考题

1. 通过单拼、双拼、三拼的技法练习，掌握冷菜的拼摆技巧。
2. 简述冷菜的地位和意义。
3. 花色造型拼盘的制作步骤有哪些？
4. 尝试制作一款大型花色造型拼盘。
5. 简述锦鸡的拼摆步骤方法。
6. 概括花色冷盘的特点有哪些？

第五章 盘饰造型艺术

学习目标

1. 了解菜肴盘饰的作用
2. 掌握盘饰的基本类型
3. 掌握盘饰的设计特点和运用
4. 学习盘饰设计图案制作、适用原料、制作技能

盘饰，也叫盘头装饰，或叫围边、打围子等，就是在做好的菜肴周围做些装饰，使菜肴看起来更加美观，更加好看。那么用什么原料做菜肴的这种装饰呢？主要是蔬菜、水果等可食性原料，比如生菜、苦苣、西红柿、黄瓜、柠檬、草莓等都是盘饰制作中最常用的原料。

第一节 盘饰设计的基本方法

一、盘饰设计的原则

在餐饮行业迅速发展的今天，饮食文化在不断的提升，盘饰艺术便是其中一个重要的方面，它不仅对菜肴起到点缀的作用，更重要的是通过盘饰的造型提升艺术文化内涵。

盘饰要以衬托菜肴为主要目的，在形式和色彩上要能提高菜肴的档次，在设计上应遵循以下原则：

（1）注意装饰的色彩与盛器的色彩相协调。

（2）注意装饰的欣赏性和食用性相协调。

（3）对菜肴能够起到烘托的作用。

（4）注意装饰的大小，形式与菜点相协调。

（5）注意装饰的清洁卫生，忌费工费时。

二、盘饰设计的形式

（一）环围式盘饰

根据菜点特点和盛器形状，将经过加工处理的装饰原料在菜点周围环围成一圈，美化菜点的装饰形式。

环围式盘饰又可分平面环围式和立体环围式，见图 5－1。

(1)　　(2)

图 5－1　环围式盘饰

(二) 点缀式盘饰

根据菜点特点和盛器形状，将经加工成一定形状的围边原料在盛器的一点或多点进行美化菜点的装饰形式，见图 5－2。

(1)　　(2)

图 5－2　点缀式盘饰

(三) 几何形装饰

几何形装饰是利用某些固有形态或经加工成特定的几何形状的原料，按照一定的顺序方向，有规律的排列、组合在一起，其形状一般十多次重复，或连续、或间隔，排列整齐，有一种曲线美和环形美，见图 5－3。

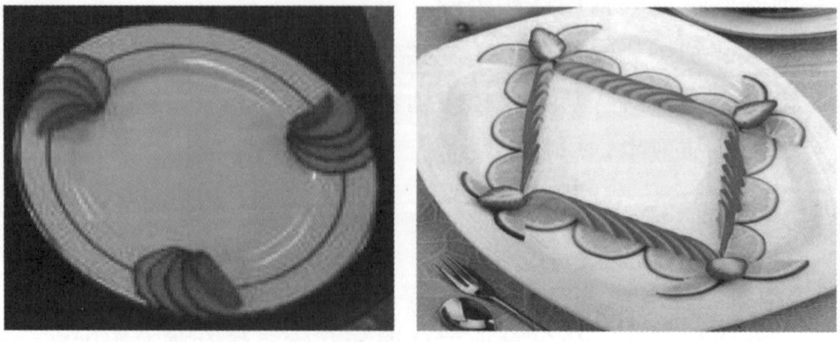

(1)　　(2)

图 5－3　几何形装饰

(四) 象形装饰

象形装饰是以大自然物象为模仿对象，用简洁的艺术方式提炼出活泼的艺术形象，这种方式能把零碎散乱而没有秩序的菜肴统一起来，使整体变得统一美观，见图5-4。

(1)

(2)

图5-4 象形装饰

第二节 盘饰设计的种类

一、立体雕刻盘饰

我们以往见得最多的是中式盘饰，其特点是讲究形象逼真具体，讲究精雕细刻。举个例子，在中式盘饰围边中，如果要用一只雕刻的小鸟来做装饰的话，制作者一定会把小鸟雕刻得尽量精细和逼真，在盘中的摆放也要中规中矩，尽量像一幅工笔画样精美细腻。

实例一：兰花盘饰

(1) 原料：芋头、青萝卜。

(2) 工具：喷枪、圆口戳刀、平面刻刀、金属底托、胶水。

(3) 制作方法：

①用圆口戳刀在芋头上戳出兰花的花瓣和花心，将花心用喷枪喷成黄色备用，见图5-5。

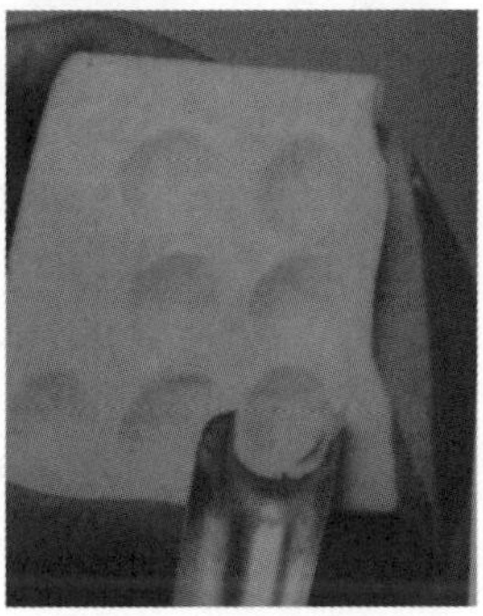

(1)

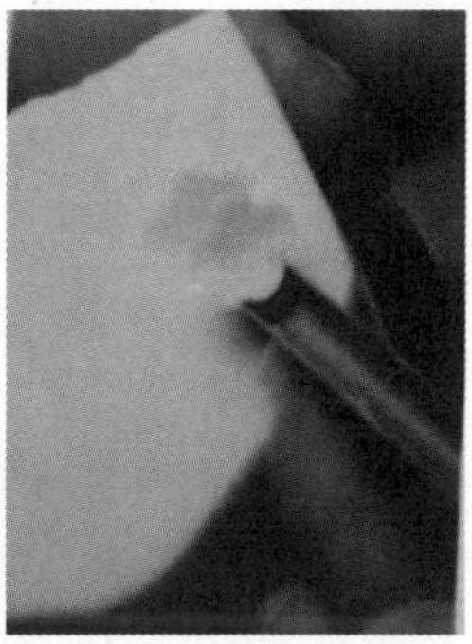

(2)

图5-5 花瓣和花心制作

②将花瓣和花心用胶水组合称花，见图 5－6。

(1)　　　　(2)

图 5－6　兰花造型

③用青萝卜皮刻成的兰花叶，再将花和叶组合在底托上，见图 5－7。

(1)　　　　(2)

图 5－7　兰花叶制作

④用红色彩笔将兰花的边缘画成红色即成，见图 5－8。

(1)　　　　(2)

图 5－8　兰花

实例二：山菊花盘饰

(1) 原料：白萝卜、胡萝卜、青萝卜。

(2) 工具：剪刀、平面刻刀、圆口戳刀、金属底托、胶水。

(3) 制作方法：

①用圆口戳刀在白萝卜上戳出野菊花的花瓣，再用剪刀将其修整圆滑，用平面刻刀刻出花心，见图 5-9。

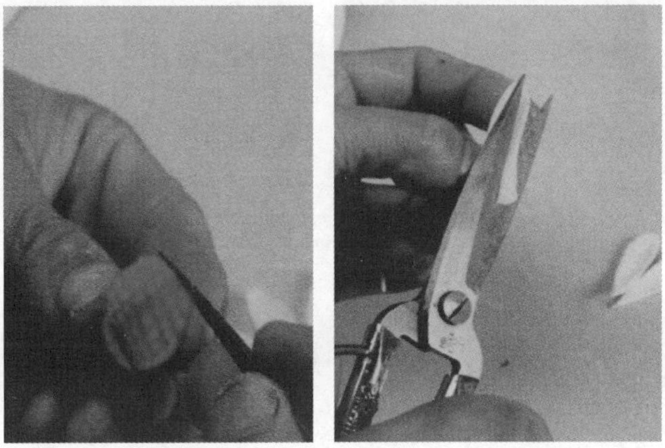

(1)　　(2)

图 5-9　花瓣和花心

②将花瓣和花心用胶水组合称花，见图 5-10。

(1)　　(2)

图 5-10　山菊花造型

③用青萝卜皮刻成兰花叶，再将花和叶组合在底托上即成，见图 5-11。

实例三：杨桃盘饰

(1) 原料：青萝卜、牛腿瓜。

(2) 工具：平面刻刀、圆口戳刀、金属底托、胶水、细砂纸。

(1) (2)

图 5-11 山菊花

(3) 制作方法:

①取一段青萝卜，用圆口戳刀刻出杨桃的基本形状，用细砂纸打磨光滑，见图 5-12。

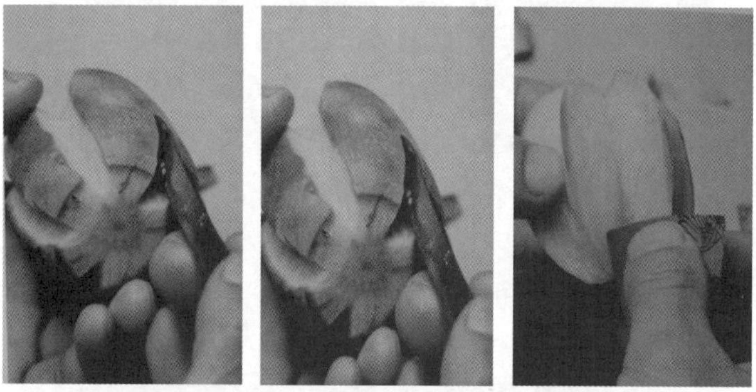

(1) (2) (3)

图 5-12 杨桃的基本形状

②用平面刻刀将牛腿瓜刻成树枝的形状，用细砂纸打磨光滑，见图 5-13。

③用青萝卜刻出树叶，再将刻好的其他部分用胶水黏合在一起即成，见图 5-14。

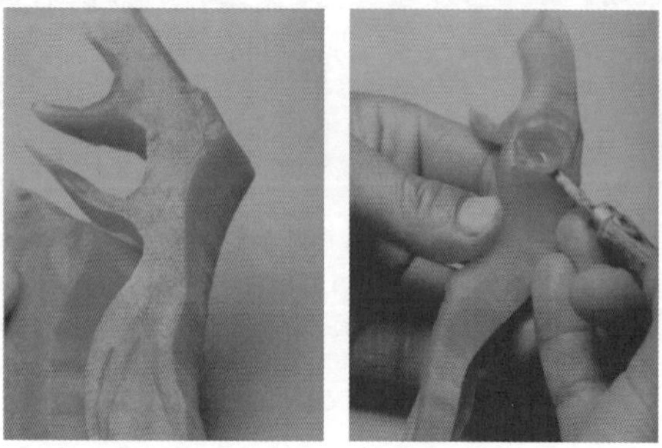

(1) (2)

图 5-13 树枝的制作

(1) (2)

图 5-14 杨桃造型

实例四：器物盘饰

(1) 原料：芋头、青萝卜。

(2) 工具：喷枪、圆口戳刀、平面刻刀、金属底托、胶水。

(3) 制作方法：

①取一块芋头刻成木桶的形状，见图 5-15。

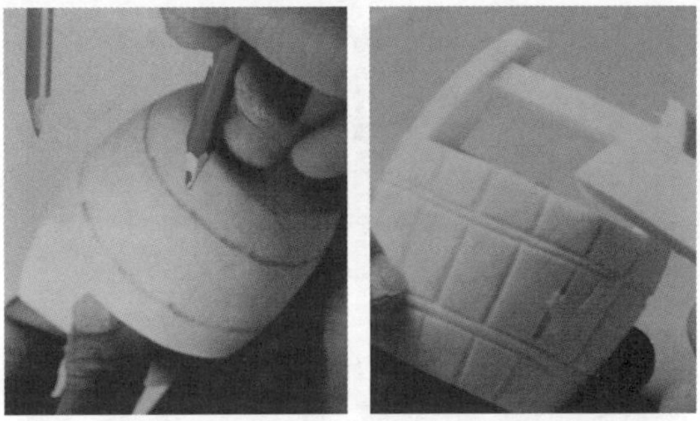

(1) (2)

图 5-15 木桶造型

②用青萝卜可成树枝和树叶，用喷枪将树叶喷成橙黄色，见图 5-16。

(1) (2)

图 5-16 树枝和树叶的制作

③将刻好的各部分用胶水组合起来即成，见图 5－17。

图 5－17　器物盘饰

实例五：断墙盘饰

（1）原料：芋头、青萝卜、胡萝卜。

（2）工具：喷枪、圆口戳刀、平面刻刀、胶水。

（3）制作方法：

①取一块芋头刻成残破的墙的形状，见图 5－18。

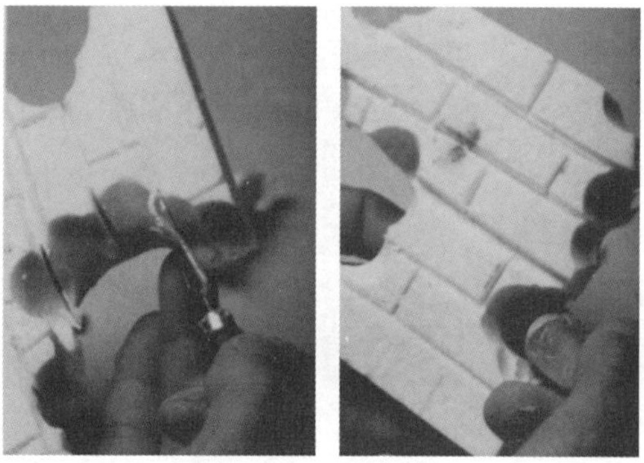

（1）　　（2）

图 5－18　墙的制作

②用平面刻刀将芋头刻成花瓣的形状，胡萝卜刻成花心的形状，青萝卜刻成叶子，用胶水将花瓣和花心组装成花朵，再将花瓣用喷枪喷成蓝色，见图 5－19。

（1）　　（2）

图 5－19　花朵的制作

③将刻好的各部分用胶水组合起来即成，见图 5－20。

(1)

(2)

图 5－20 断墙盘饰

二、面塑盘饰

它以糯米面为主料，调成不同色彩，用手和简单工具，塑造各种栩栩如生的形象。如今面塑艺术作为珍贵的非物质文化遗产受到重视，小玩意儿也走入了艺术殿堂。经过长期摸索，现在的面塑作品不霉、不裂、不变形、不褪色，采用捏、搓、揉、掀，用小竹刀灵巧地点、切、刻、划、塑等不同手法，栩栩如生的艺术形象便脱手而成。随着社会的进步，饮食业的飞速发展面塑作品也成了餐桌上常见的装饰品，见图 5－21。

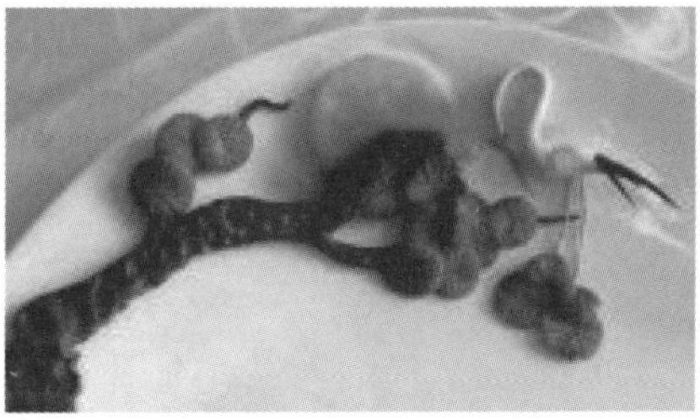

(1)

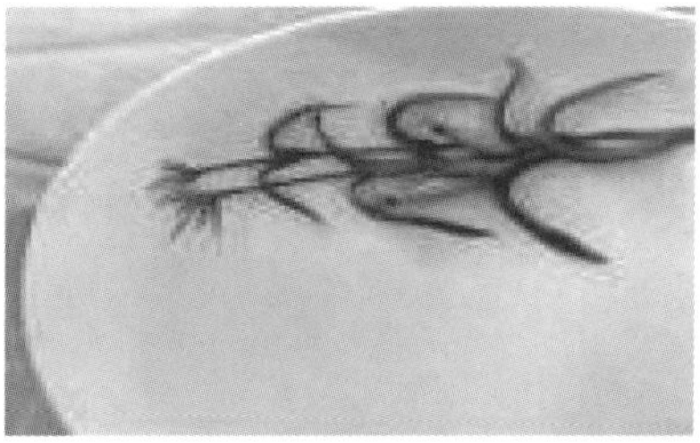

(2)

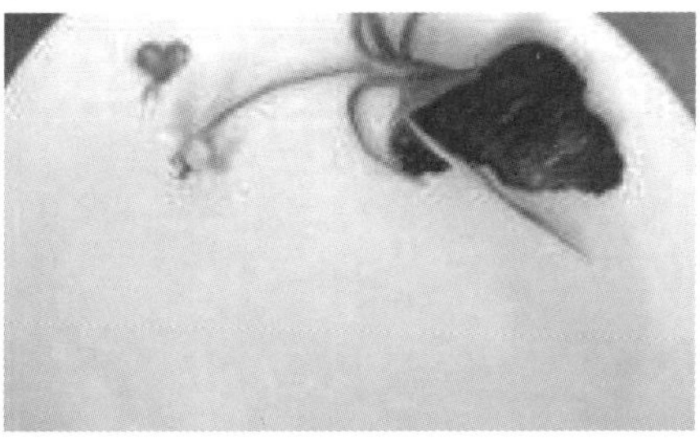

(3)

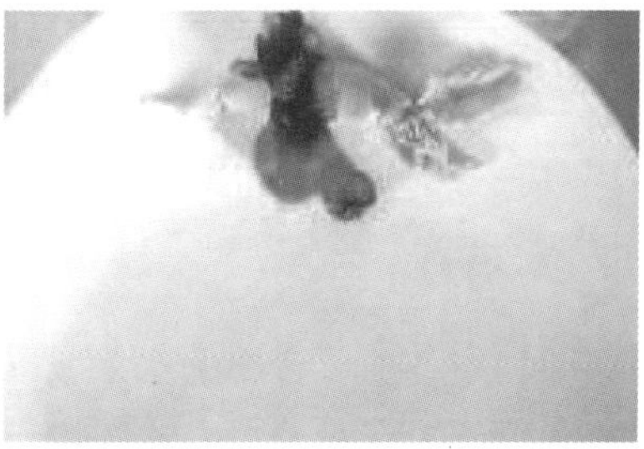

(4)

图 5－21 面塑盘饰

三、糖艺盘饰

很多厨师都选择用精美的盘饰去提升菜肴的品质，而他们做盘饰所用到的材料也是多种多样的，而这其中最具时尚感的，恐怕莫过于糖艺了。糖艺在中餐业的运用似乎越来越多，这是因为糖艺作品本身造型美观且表现力强，而且不像食雕或面塑，糖艺作品既能欣赏又可食用，因此眼下很受人们的喜爱。糖艺原本只是用于西餐、西点的装饰美化，可是现在却越来越多地运用到了中式菜肴的装饰当中。糖艺作品具有色彩鲜艳、质感剔透、光泽度好等特点，但因为其制作起来比较复杂，并且对操作者也有一定的专业技术要求，所以目前精通糖艺的厨师较少。为了能够使学习者更直观看到糖艺盘饰的制作，本书展示了以下几种糖艺作品，见图 5－22。

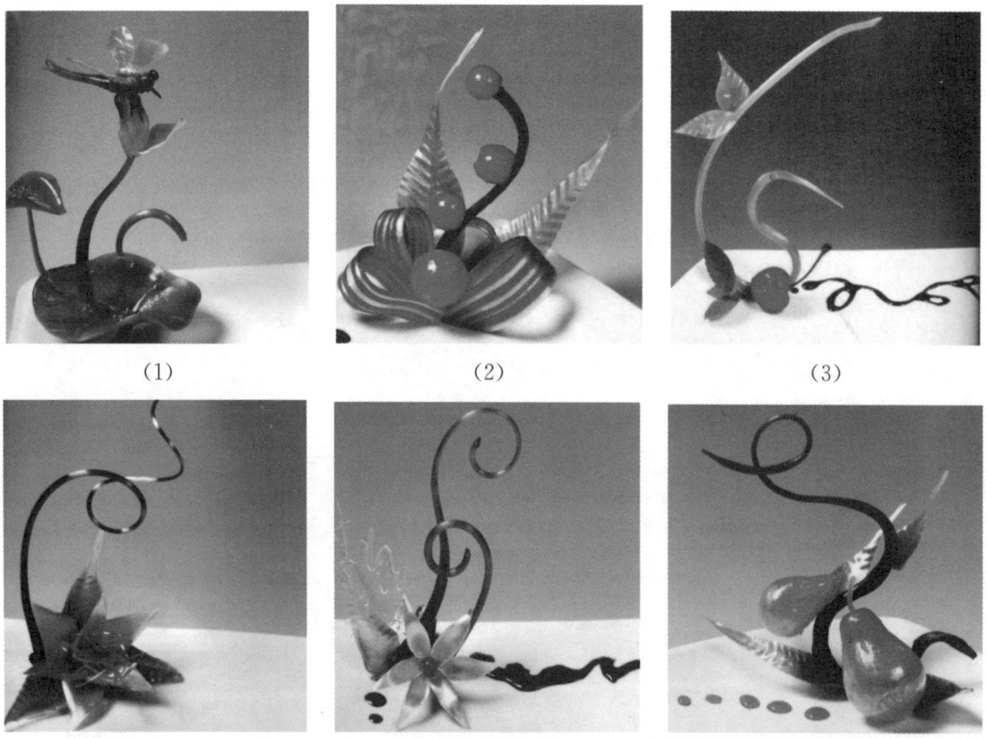

(1)　(2)　(3)

(4)　(5)　(6)

图 5－22　糖艺盘饰

四、西餐盘饰

西餐盘饰利用各种可食用的水果或蔬菜原料以及一些美丽的花卉等进行切配制作成一定的图案造型后放置在盘子中心或一侧，用于装饰菜点，有时也和果酱画结合使用。常见的原料，水果类的有苹果、樱桃、猕猴桃、橙子、柠檬、芒果、菠萝、西瓜、火龙果、草莓等。蔬菜类的有黄瓜、番茄、青椒、红椒、蒜薹、西蓝花、萝卜等。花卉原料有袖珍玫瑰、小菊花、百合、康乃馨、满天星、情人草、蝴蝶兰等。叶茎类原料有天门冬、高山羊齿蕨、蓬莱松、巴西叶、散尾葵等。在西式盘饰中不需要特别精细的雕刻或者说很少用到雕刻，其造型特点是比较简单、抽象，充满意境美、空间美、曲线美。一片生菜叶，两片西红柿，几根小葱，很随意地一摆，捎带着淋一点酱汁看似像点什么，细看却什么也不像，在这似与不似之间，却充满了梦幻般的美感，没有经验的人，没有一定审美观点的人，是做不出这样的效果的。所以说西式盘饰围边是一种经过了加工的艺术，是一门经过了提炼的艺术，见图 5－23。

(1) (2) (3) (4) (5) (6)

图 5－23 西餐盘饰

五、果酱画盘饰

现在的餐饮业中流行一种新的菜肴装饰技术，叫做“果酱画”装饰围边，就是用果酱

（也可以用巧克力酱、酱汁、黑醋汁、蓝莓酱、蚝油等）在盘边画成美观漂亮的图案，用以装饰菜肴的方法。

这种图案可以是简单的装饰花纹，可以是抽象的曲线，也可以是写意的花鸟鱼虾，或是优美飘逸的中文英文书法。总之，只要是简单漂亮的图案，只要是能给菜肴增光添彩的图案符号等，都可以画。也有人把果酱画叫做酱画、盘画或者叫画盘。应该说，果酱画技法的流行，起源西餐西点中的酱汁的使用。因为在西餐中，厨师常把用于调味的酱汁淋在盘边成一定的图案，供客人用餐时蘸食，所以这种酱汁是具有调味和美化菜肴两种功能的，而中餐厨师则习惯把酱汁浇淋在菜肴上（其功能主要是调味）。随着西式盘饰的流行，越来越多的中餐厨师看中了酱汁的这种装饰功能，不断探索，不断研究，并尝试调制出了各种酱汁酱料，花样越来越多，技法也越来越成熟，所以才使果酱画技术在当今的餐饮业中大为流行。

（一）果酱画的特点

1. 制作过程快捷方便

技术熟练的厨师，一分钟可画几个十几个盘子，效率之高，速度之快，非果蔬雕、面塑、糖艺，插花之类可比，而且容易保存，节省空间，容易清洗，无干瘪裂损坏褪色之虞。

果酱画装饰效果好、档次高、有意境、艺术感强，适应了现代餐饮业发展。

2. 技术难度低，可操作性强

绝大多数的果酱画，只是用果酱画曲线，调配一下颜色即可（比如直线、曲线、折线、S线、交叉线等），稍复杂点的可以画些花瓣、树叶、竹叶等，非常简单易学，不需要什么美术功底，其实大多数的厨师，稍加练习就可以上手操作，简单实用就好，不必追求高难复杂，为菜肴创新拓展了空间，画果酱画，一般是根据菜肴的颜色和形状选择酱汁，确定构图，再根据个人的技术水平和熟练程度选择图形，可繁可简，灵活多变，成本低廉，这也是果酱画盘饰最大的优点。

（二）果酱画常用的技法

1. 抹

抹，用手指蘸一点酱汁，然后在盘中画出各种形状，优点是方便、省事，色彩上的深浅变化能表现出写意画的风格特点，适合于画鱼虾、禽鸟、花卉等。

2. 点

点，将酱汁挤在盘中呈小的圆点或块的方法，常用于画梅花、树叶、脚印、葡萄为及其他果实等。

3. 淋

淋，将酱汁淋在盘中的指定位置呈点或线条状。

（三）设计果酱画的要点

设计果酱画，首先要以菜肴为出发点，根据菜肴的颜色、形状、数量多少而定。果酱设计构图不能死搬硬套。先说色，如菜肴的颜色较浅（如白、浅黄、浅绿等），则可选择黑、紫、棕等颜色的果酱；如果菜肴的颜色较深（如红色、棕色、黑等），则应选黄、橙、绿等颜色的果酱，使菜肴与果酱的颜色之间有一个明显的对比，不顺色。根据菜肴的形状设计果酱画的内容，常用的果酱画实例如下。

实例一：梅花盘饰

（1）原料：巧克力酱、草莓酱、绿果酱。

（2）制作方法：

①在盘子一角用巧克力酱画出梅花的枝干，用草莓酱画出梅花，见图 5－24。

（1）

（2）

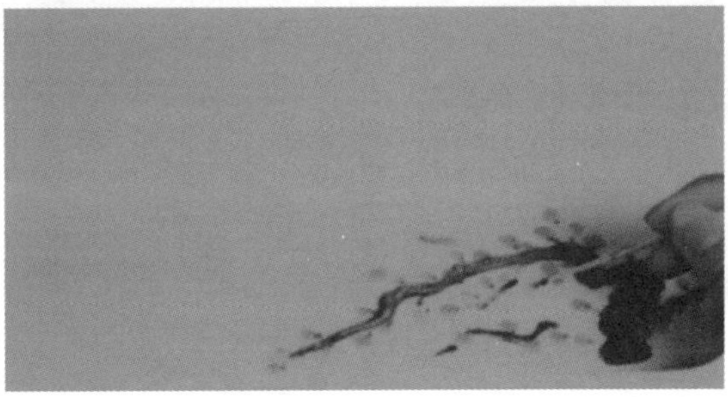

（3）

图 5－24　梅花枝干和花的制作

②用绿果酱在盘子另一角画出山脉的形状，见图 5－25。

图 5－25　山脉的制作

③最后用巧克力酱将盘饰的名字写上即成，见图 5－26。

图 5－26　梅花盘饰

实例二：翠鸟盘饰

（1）原料：巧克力酱、草莓酱、绿果酱。

（2）制作方法：

①用巧克力酱在盘子一侧画出翠鸟的头部，见图 5－27。

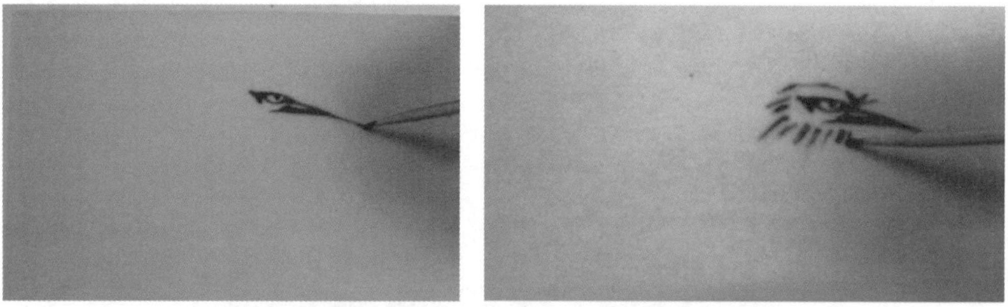

（1）　　（2）

图 5－27　翠鸟头部制作

②在头部下方滴两滴巧克力酱，用手指画出翠鸟的腹部、背部，用牙签画出翠鸟的爪子，见图 5－28。

（1）　　（2）

图 5－28　翠鸟身体的制作

③用巧克力酱画出芦苇，再用草莓酱和绿果酱配色，见图 5－29。

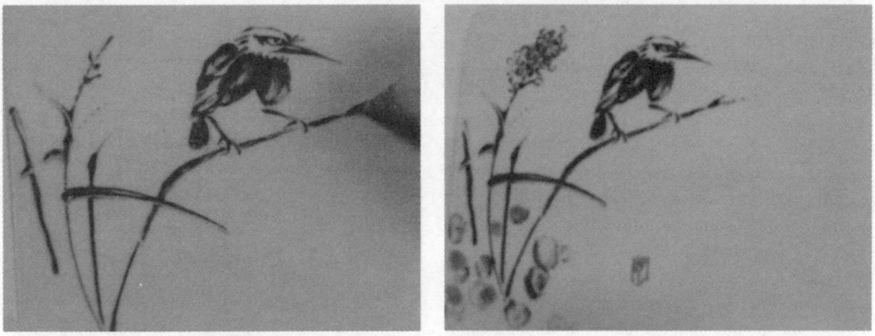

(1)　　　　(2)

图 5－29　翠鸟造型

实例三：虾趣盘饰

(1) 原料：巧克力酱。

(2) 制作方法：

①用牙签蘸巧克力酱画出虾尾，见图 5－30。

(1)　　　　(2)

图 5－30　虾尾制作

②用手指蘸巧克力酱画出虾身体，用果酱壶画出虾头、虾须，见图 5－31。

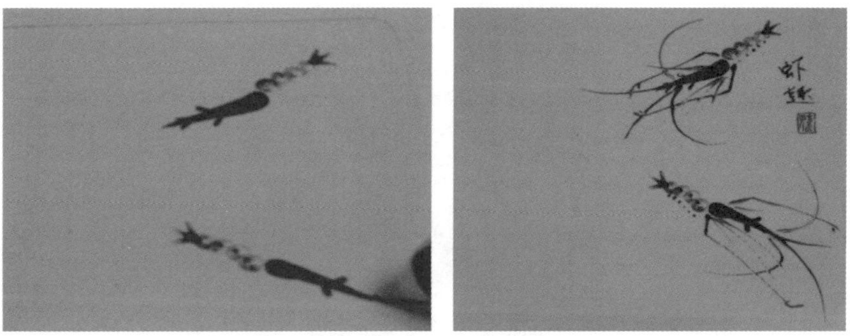

(1)　　　　(2)

图 5－31　虾身体的制作

实例四：竹子盘饰

（1）原料：巧克力酱、草莓酱。

（2）制作方法：

①用巧克力酱画出竹子的主干，用牙签画出竹子的细枝，见图 5－32。

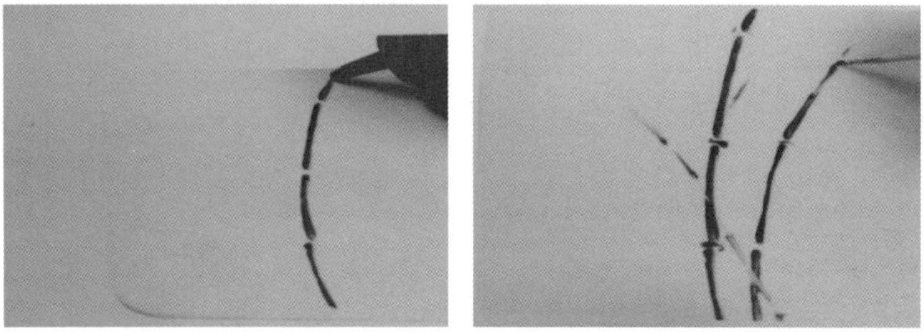

（1）　　　　（2）

图 5－32　竹子细枝的制作

②用果酱壶将巧克力酱滴在主干的两侧，用细牙签画出竹叶，见图 5－33。

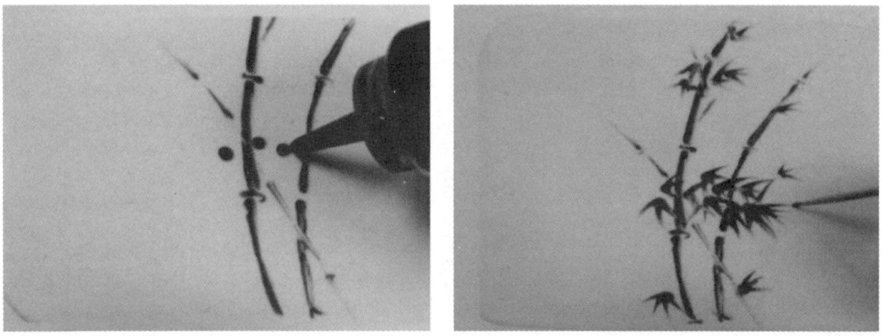

（1）　　　　（2）

图 5－33　竹叶制作

③用草莓酱绘制成图章形状即成，见图 5－34。

图 5－34　竹子盘饰

实例五：雄鹰盘饰

(1) 原料：巧克力酱、绿果酱、草莓酱。

(2) 制作方法：

①将巧克力酱滴在盘子的一侧，用手指画出鹰的头部，再用细牙签画出鹰身体的轮廓，见图 5－35。

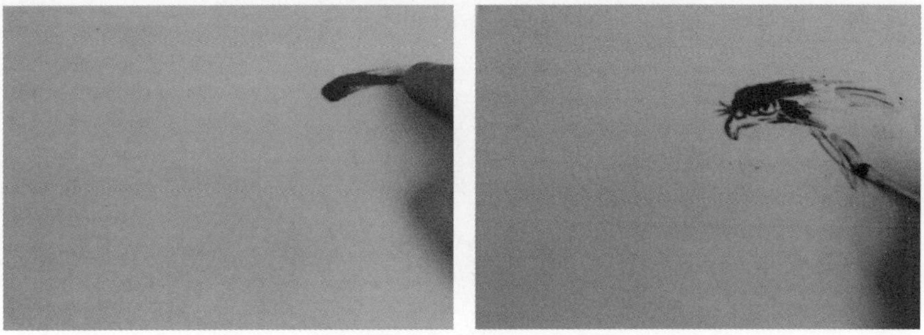

(1) (2)

图 5－35　雄鹰头部制作

②用巧克力酱画出鹰的翅膀、尾巴、腿等部位以及松树的枝和叶，见图 5－36。

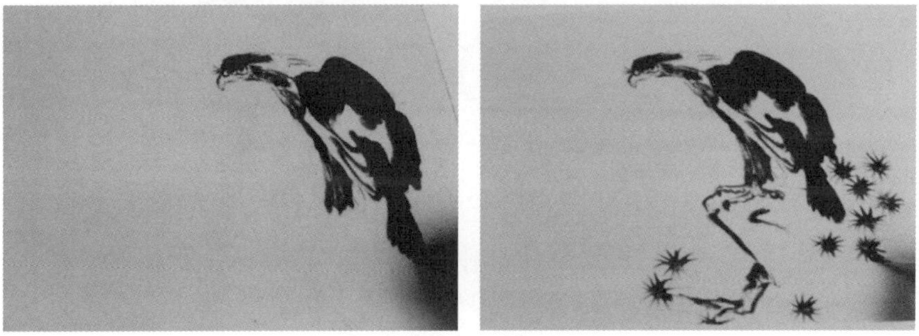

(1) (2)

图 5－36　雄鹰身体制作

③用绿果酱将树叶画成绿色，最后用草莓酱绘制成图章即可，见图 5－37。

(1) (2)

图 5－37　雄鹰盘饰

实例六：骏马盘饰

（1）原料：巧克力酱、绿果酱、草莓酱。

（2）制作方法：

①用巧克力酱画出马的头和颈部，见图 5－38。

图 5－38　骏马头和颈的制作

②用巧克力酱画出马的肩部前腿，如图 5－39。

图 5－39　骏马肩部和前腿的制作

③用巧克力酱画出马的身体、后腿、尾巴，见图 5－40。

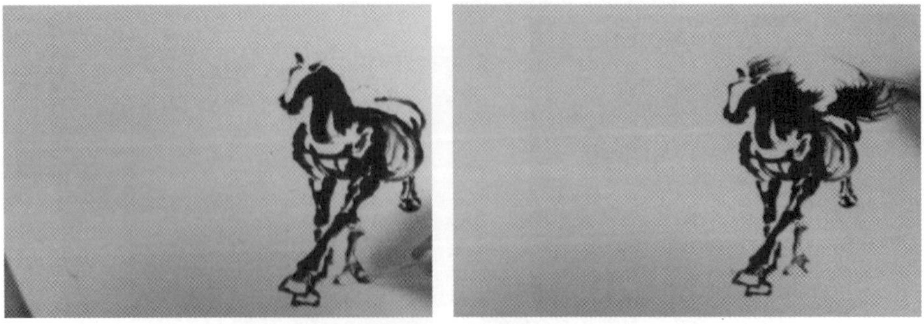

（1）　　（2）

图 5－40　骏马身体、后腿、尾巴的制作

④用绿果酱画出马蹄下的石块，再用草莓酱绘制出图章即可，见图 5－41。

图 5－41　骏马盘饰

实例七：公鸡盘饰

（1）原料：巧克力酱、草莓酱、绿果酱、黄果酱。

（2）制作方法：

①用细牙签蘸巧克力酱画出公鸡的头部和身体，见图 5－42。

（1）

（2）

图 5－42　公鸡的头和身的制作

②用手指画出公鸡的翅膀、腿、爪、尾巴，见图 5－43。

（1）

（2）

图 5－43　公鸡的翅膀、腿、爪、尾巴的制作

③用草莓酱画出公鸡的冠，再用绿果酱、草莓酱、黄果酱画出树枝和公鸡爪下的石块，见图 5－44。

(1)　　(2)

图 5-44　公鸡盘饰

六、模具喷粉盘饰

将镂空的模板平放在盘子上，也叫色香粉，制作蛋糕时用的一种原料喷在模板图案处，轻轻取下模板，一幅漂亮的图画就留在了盘子上，制作方法非常简单，主要考虑色彩的搭配，见图 5-45。

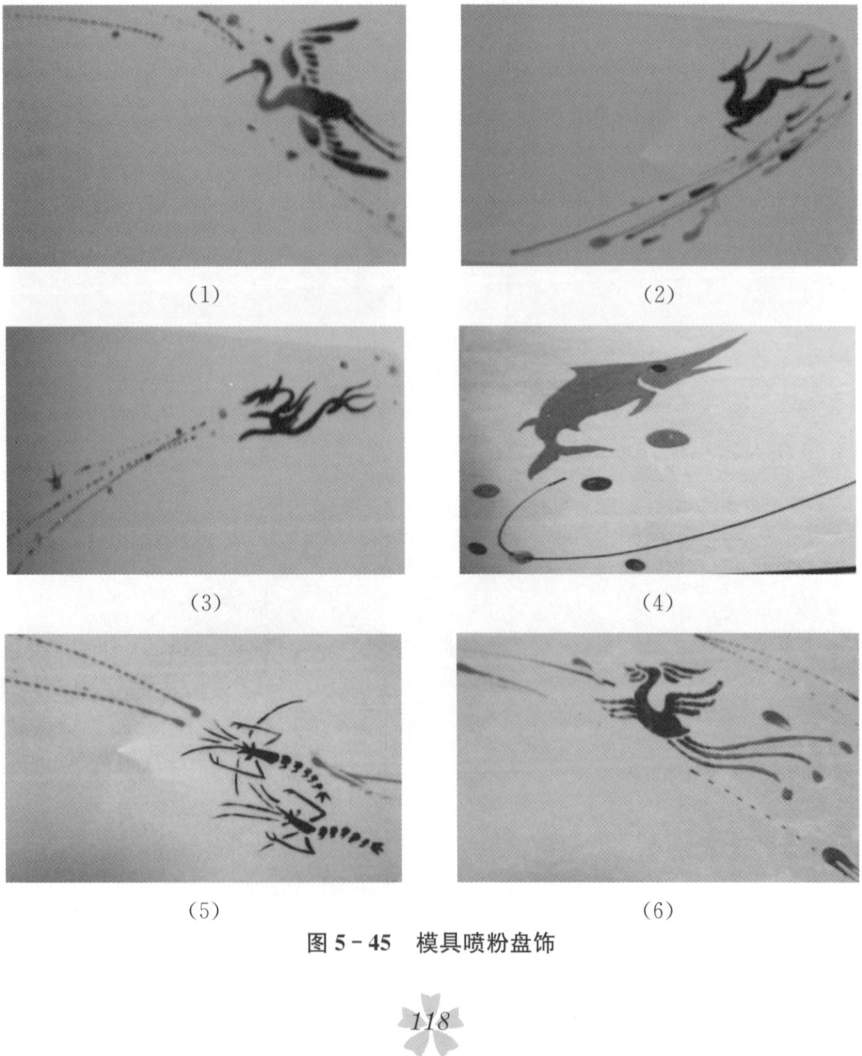

(1)　(2)　(3)　(4)　(5)　(6)

图 5-45　模具喷粉盘饰

七、其他盘饰设计：干果、花草、水果等

现在很多盘饰爱好者在不断的钻研创新，把干果、鲜嫩的花草、水果等，结合传统盘饰的模式，根据现实菜点的点缀应用，创造出很多流行的新意盘饰，见图 5-46。

(1)

(2)

(3)

(4)

(5)

(6)

图 5-46　干果、花草、水果盘饰

复习思考题

1. 菜肴盘饰的概念是什么？
2. 菜肴盘饰按选用的原料可分为哪几种类型？

3. 果酱画盘饰的特点有哪些？
4. 制作两款立体雕刻盘式。
5. 盘饰设计的原则有哪些？
6. 立体雕刻盘饰在菜肴中有哪些作用？

第六章　面塑造型艺术

学习目标

1. 学习了解面塑的发展和特点
2. 掌握面塑的基本技法与上色
3. 了解面塑工具的使用
4. 面塑作品的制作方法和工艺流程

第一节　面塑的发展与特点

一、面塑的发展

面雕艺术（主要包括面塑、船点）在我国有着悠久的历史和丰厚的文化底蕴，是中华美食文化的瑰宝，是劳动人民智慧的结晶。前辈老艺人对这古老的民俗技艺的运用可以说达到炉火纯青的地步，他们高超的技法，传承至今，是我们民族食艺文化的一份弥足珍贵的遗产，极需要培养一批又一批的新人，聚集一代又一代的能手，不断总结、继承和创新。

面塑俗称捏面人，又称江米人，这是家喻户晓、人们喜闻乐见的一种民间艺术。面雕作品使用的材料以面粉为主，包括小麦粉和江米粉，加入各种颜料调和均匀，通过巧手妙法，作出色彩绚丽，情趣各异的人物、动物、建筑物、树木花草等，具有浓郁的民族风格和很高的美学价值。从题材上讲非常广泛，几乎涵盖了历史、文学、宗教、民俗、美术等各文化领域，成为民族传统文化中的一道独特的风景线。它在我国有着相当久远的历史，自秦汉以来延绵了两千多年，古籍中均有记载。汉代迎神赛会上的傩舞，便有用面团塑成的鬼怪头部形象。据宋朝《事物纪原》载，诸葛亮南征，将渡泸水。土俗杀人首祭神，亮令杂用牛、羊、肉包之以面，像人头代之。馒头名始于此。这可能是最早的有关面塑的文字记载了。新疆吐鲁番阿斯塔那地区出土的唐代永徽四年（公元 653 年）的墓葬中，发现有面制女俑头和面制半身男俑，这是所能见到的最早的面塑人物了。旧时的祭祀活动或节庆婚嫁风俗中，常将面塑作为供品或礼品使用，还可作为吉祥物来馈赠。如婚嫁喜庆制作“举案齐眉”“榴开百子”；生日贺寿制作“八仙庆寿”“麻姑献寿”“大寿桃”；清明、寒食节制作“枣饽饽”“飞燕”，这些都是世代相传，脍炙人口的面塑作品。在改革开放的今天，面塑艺术更加展现了它的魅力，许多高质量的作品在国内外获得了很高荣誉，一些优秀的作品作为国家礼品馈赠国外的来宾朋友，在外贸、旅游方面，面塑艺术品也备受欢迎。我国面塑艺术的发展将展示出美好前景。

船点，是面雕艺术的一个分枝，以其制作精细，造型逼真，色彩艳丽，既可食用，又可观赏的特点，成为我国食艺园中的奇葩。船点相传起源于明代苏州的游船上，苏州地处江南水乡，水网交错，港巷纵横，自古便有载酒泛舟之风，明、清此风日炽。苏州地方有盛行“船宴”之俗，“船菜”贵精而不贵多。船点产生于“船宴”之中，其魂为“精”。船娘们以米粉为原料，用纤纤素手捏制出形态各异、小巧玲珑的花鸟鱼虫，干鲜果品，作为“船宴”上的甜点小吃，烘托“船宴”之气氛，供游客们欣赏品味。船点，取江南之玲珑，水乡之秀美，经历代艺人厨师的继承与发展，形成了今天独具特色的系列面点。

面雕艺术在热菜、冷菜和面点装饰方面起到画龙点睛的作用，包装、美化菜点的形象，提升菜品的档次，用在宴席展台上烘托气氛，使人们更加深入领略了中华饮食的精妙。

二、面塑的特点

（一）原材料价廉易得

面塑，顾名思义就是用面粉来塑造形象的一种雕塑工艺，主要原材料就是我们生活中的必需品——面粉，寻找起来十分方便且价格便宜，这也是面塑的一大特点。

（二）操作方便

制作面塑的工具主要是用废弃材料自己加工而成的，民间艺人身背小木箱及板凳，走街串巷，十分方便。

（三）可塑性强

面粉在加工磨制时很细，在和成面塑材料后既很细腻又有韧性，不反弹并有一定的拉扯力，所以在塑造人物时可以把面部表情刻画得淋漓尽致，特别生动，在做人物服饰时质感十分华贵细腻，薄处可透光。

面塑材料还可以仿效象牙、珊瑚、翠玉等材料的质地，这是其他雕塑不能比的。

（四）面塑的颜色

面塑的颜色是将颜料调入到面中调配成的。加入颜料后的面团可以像绘画配色一样，随心所欲地进行调配，十分便利且不易褪色。面塑使用的颜料品种极为广泛，如国画色、水粉色、广告色、宣传色、荧光色、油画色、水彩色等均可，这使面塑作品色彩更加丰富。

三、面塑的种类

面塑一般以圆雕写实为主，以变形、卡通式为辅，表现形式有圆雕、浮雕、微雕等。

面塑的种类可大致分为以下六种。

（一）传统举棍式

经常见到的有孙悟空、猪八戒、米老鼠、唐老鸭等。其特点是造型生动逼真，将面塑对象高度概括，进行夸张，以最简练的手法一气呵成，十几分钟就能完成一件作品。

（二）吊线式

传统面塑艺术表现形式之一，如人们常见的有“老渔翁钓鱼”“鹦鹉”“小鸟”“十二生肖”等。由于面塑用线绳垂吊着，所以作品有漂浮的动感。

（三）圆雕式

把棍上的面塑发展到了托板上，使面塑作品提升了档次，人体比例更加合理，面部表情刻画生动，服饰考究，色彩艳丽，作品更加传神、细腻精致。

（四）微雕式

在圆雕的基础上将作品缩小至微型，我们常见的多在半个核桃壳内做出如“十八罗汉”“八仙过海”“西游记”“红楼梦”等面塑人物。好的微雕面塑虽然尺寸极小，但不失人物的生动细致，真正达到了惟妙惟肖的意境。

（五）仿效式

在面团中调入几种颜色，就可以仿制出珊瑚、松石、翡翠、象牙等工艺品的效果。仿效不单单是仿效颜色、纹理，重要的是仿效质感，好的仿效作品有以假乱真的效果。

（六）浮雕式

浮雕式是近年来创新的一种面塑形式，多以卡通形式来表现。造型生动，色彩艳丽，制作快捷，便于现场表演和互动交流。比较容易学习掌握，适合初学者学习。

第二节 面塑的基本技法和配色

一、面塑的工具用品

（一）常用工具名称及用途（见图6-1）

1. 1号拔子

(1) 切压衣纹和切大拇指时使用。

(2) 做嘴唇、眼睛、挑眼线、切发丝时使用。

2. 2号拔子

(1) 压较长衣纹时使用。

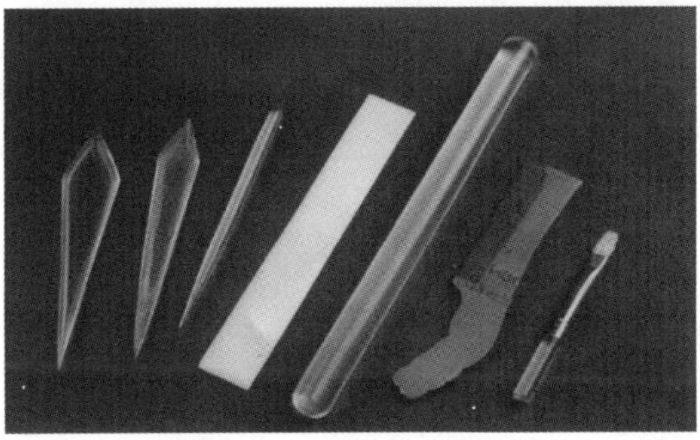

图6-1 面塑制作常用工具

（2）压眼角、嘴角、挑鼻孔等时使用。

3. 磙子

（1）推挤半圆形衣纹时使用。

（2）压手和脚腕部时使用。

4. 尺刀

尺刀，切割或压碾飘带时使用。

5. 压磙

压磙，碾压各种衣片或带子时使用。

6. 小梳

小梳，用于磙压大珠串、斗笠、竹篮等。

7. 小毛刷

小毛刷，用来蘸水黏结各部分。

（二）辅助工具名称及用途（见图6－2）

（1）圆口戳刀：用于做鱼、龙、鸟类的鳞片或羽毛。

（2）小号圆口戳刀：用于做羽毛、鳞片。

（3）绘笔：为丰富色彩，成品面塑仍需上色。

（4）竹签：用于连接或扎眼使用。

（5）美工刀：用于裁底座的木板或纸。

（6）小剪子：用于剪出手指、脚趾、毛发等。

（7）锥子：用于打底座时，需用锥子打眼。

（8）尖嘴钳：用来打底座，固定铁丝。

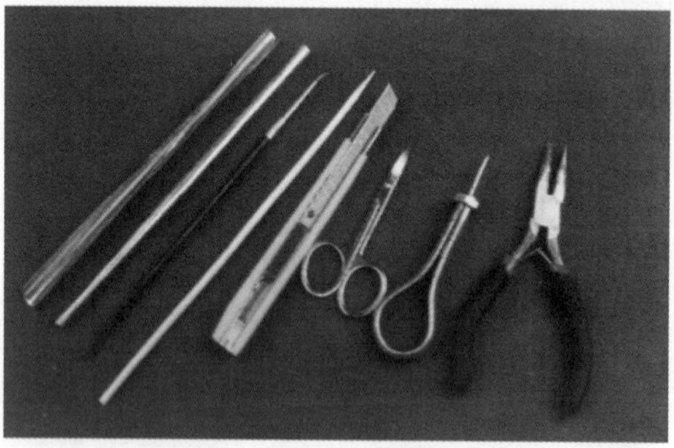

图6－2　面塑制作辅助工具

二、面塑材料的配制和调色

（一）面塑面团的配比

面塑面团的原料成分有：雪花粉、糯米粉、山梨酸钾、甘油、蜂蜜。比例为500∶100∶

25∶10∶15（克）。

在以上原料当中甘油主要起保湿、防裂的作用；山梨酸钾起防腐、防虫的作用；蜂蜜起促进面团饧发、保湿和防腐的作用。加入这些原料主要是便于制作与保存。

(二）面塑面团的和制步骤

按上述比例将雪花粉、糯米粉、山梨酸钾混合均匀，然后过筛，盛入一容器当中，加入开水烫成七分熟揉成面团，用半湿布盖好，饧 15 分钟后上笼蒸 30 分钟左右至熟取出。把面团放在案板上，摊开，稍晾凉后用手将面团揉匀擦透，并加入甘油与蜂蜜揉光滑即可。将揉好的面团用保鲜膜包好在常温下放 5～10 天，等面团充分饧透后才好用（见图 6－3）。

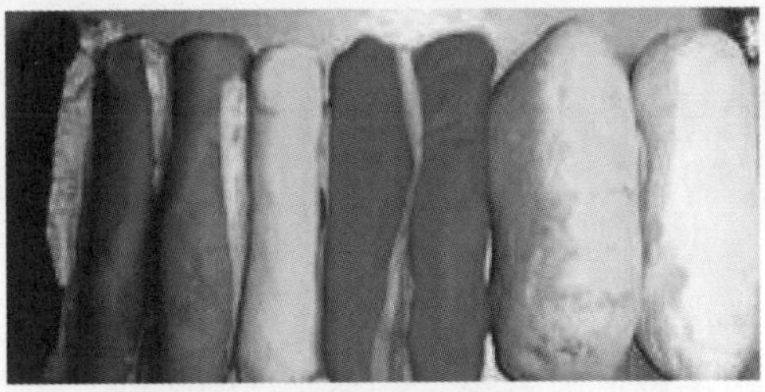

图 6－3　面团

检测面团的最好方法是：取一小块面团放在手里反复地碾后搓成圆球形，用手指轻轻地按压，有少许反弹且韧性很小说明饧好了，用双手将面团拉长且不断裂、不收缩。

(三）面塑面团的颜色制作

面塑不同于彩塑，因为彩塑是待作品完成后再将颜料涂于表层，而面塑是预先将所需颜色揉进面团当中。这样的好处是在做细小的部位时颜色不会混杂和互染，且饱和度高，颜色透亮，易于体现层次感和质感。

面塑所用的颜料最好是油画颜料和荧光色及丙烯颜料（见图 6－4），因这几种颜料色彩艳亮且不易褪色，又不易与面团中的其他原料发生反应。

调制颜色时最好是先将面团压成薄片，再把颜料涂抹在面团的中央，然后把它揉匀揉透。在调制颜料时最好分几次加入，如果一次加得太多容易粘到手上或案板上。另外在揉进面团时也容易形成斑点，从而影响面团效果。

图 6－4　颜料

其中肉色面团用桃红、白色两种颜色调成，但也不是一成不变的，需根据自己所捏的人物、年龄、民族、性别、身份等来确定是否还需要加入一些其他颜色。

三、面塑基本技法

以一只手作案板，用另一只手来揉搓面团，操作技法大致可归纳为揉、捏、挑、揪、压、搓、滚、擀碾、剁、切、拨花、填补十二种技法。

有些技法大同小异，如按和压，要根据作品的需要灵活运用。在做较大的面塑作品时要用案板来擀制大一些的面片。

第三节　面塑工艺制作流程

一、花卉制作

面塑花卉作品主要适用于菜点的点缀，组合作品的装饰。

月季花的制作具体如下。

（1）原料：面塑面团、广告颜料。

（2）工具：拨子、碗子。

（3）制作方法：

①将面团搓成锥形。

②压成花瓣塑出花心。

③捏出花瓣的花心成锥形。

④慢慢将花瓣散开。

⑤将花瓣一层层捏好。

⑥捏出叶子粘好。

⑦再让花蕾和花枝组合即成。

（4）技术关键（见图 6－5）。

(1)

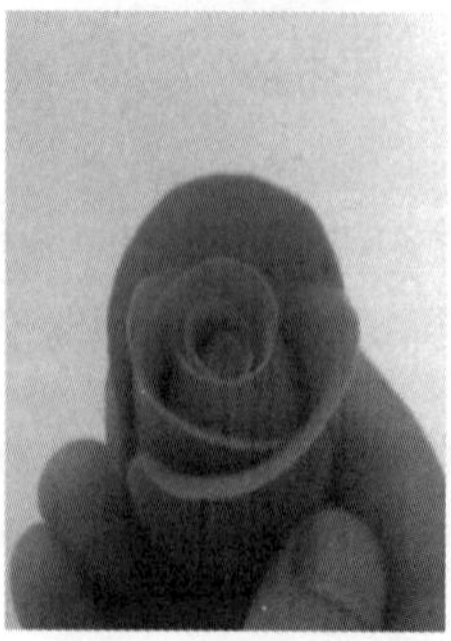

(2)

(3)

图 6－5　月季花面塑的技术关键

二、面塑人物作品的制作

(一) 童子的制作

(1) 原料：面塑面团、广告颜料。

(2) 工具：拨子、碾子、尺子、擀面棍。

(3) 制作方法：

①用肉色面团捏出头部大形。

②利用工具挑出鼻梁。

③挑出小孩的眼眶，做出小孩的嘴。

④用黑色面团做出眉毛并粘上，做出耳朵及头发。

⑤做出小孩的躯干，做出衣服的衣纹。

⑥用其他颜色的面团做出腰带，做出小孩的手。

⑦组装即可。可以配鲤鱼、元宝、灯笼等。

(4) 技术关键（见图6-6)。

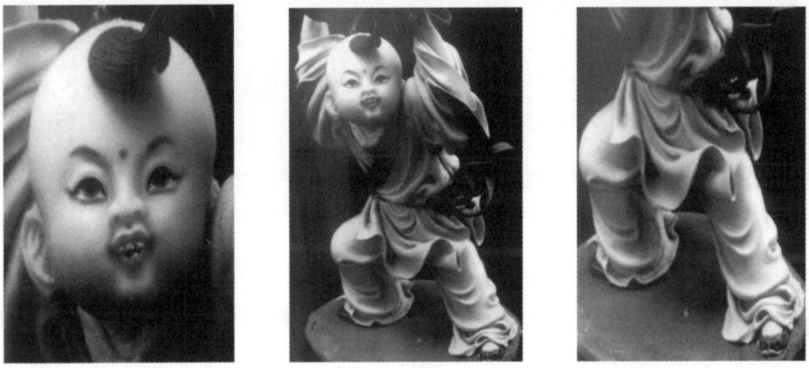

(1)　　(2)　　(3)

图6-6　童子面塑的技术关键

(二) 仕女的制作

(1) 原料：面塑面团、肉色面团。

(2) 工具：拨子、碾子、尺子、擀面棍。

(3) 制作方法：

①用肉色面团捏出仕女的头型。

②利用工具拨子、碾子做出仕女的嘴、鼻子及挑出眼眶。

③用拨子压出眼线并安上眼睛，安上眼线并粘上仕女的眉毛。

④做出仕女的头发、饰物及上身躯干，用肉色面做出仕女的身体及身体的动态。

⑤用白色面做出仕女的衣裙，做出仕女的裙子及纹路。

⑥用白色面做出内衣的衣领，擀出面片并裹在上身，做出衣纹及领子。

⑦另取一块面团做出袖子及纹络。

⑧装上袖子、手即可。一般搭配花卉、云彩、寿桃等。

（4）技术关键（见图 6－7）。

（1）　　（2）　　（3）

图 6－7　仕女面塑的技术关键

（三）寿星的制作

（1）原料：面塑面团、肉色面团。

（2）工具：拔子、碇子、尺子、擀面棍。

（3）制作方法：

①用肉色面团捏出大额头的头型，沾在竹签上，用塑刀压出额头，再做出眼、鼻、嘴、皱纹。

②本色面团做出身体，用白色面团压薄包在下端做成裙摆，并用塑刀压出衣纹。

③用红色面团压成薄片做上衣，用浅蓝色面团做成衣摆，压出衣纹，棕色面团搓成条缠在腰间做腰带。

④用红色面团做出胳膊，肉色面团做出双手，白色面团做出衣袖，分别组装在一起。

⑤用棕色面团做成长条压扁，粘上黄色寿字做成飘带即成寿星。

⑥用棕色、黄色面团分别做出龙头手杖和葫芦。

⑦另外可以用白色、棕色面团做出白鹤与鹿的造型，与寿星搭配成组合作品。

（4）技术关键（见图 6－8）。

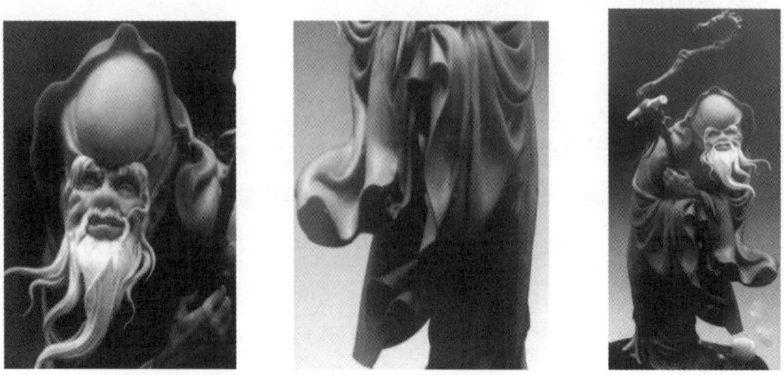

（1）　　（2）　　（3）

图 6－8　寿星面塑的技术关键

(四) 罗汉的制作

(1) 原料：面塑面团、广告颜料。

(2) 工具：拨子、磙子、尺子、擀面棍。

(3) 制作方法：

①用肉色面团捏出头部，并做出脸部结构。

②粘上眉毛并做出耳朵。

③做出罗汉的身体及衣物。

④用面团做出山石、树木、花草，组装。

(4) 技术关键（见图 6-9）。

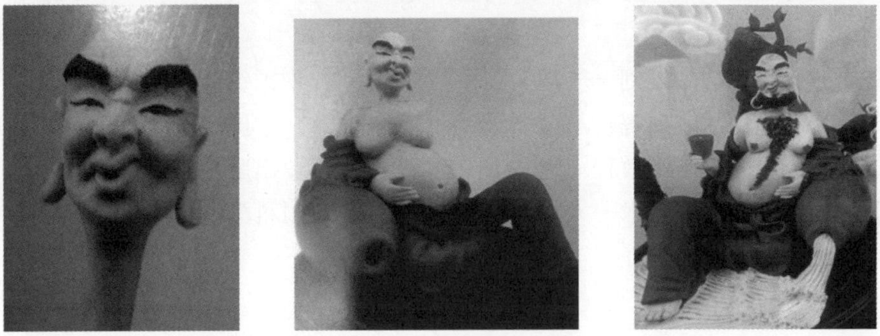

(1) (2) (3)

图 6-9　罗汉面塑的技术关键

复习思考题

1. 简述面塑及面塑的发展。
2. 概括面塑的特点。
3. 面塑常用的工具有哪些及其用法？
4. 简述面塑的基本技法和应用。

参考文献

[1] 文歧福，邓超．食品雕刻与菜肴盘饰设计 [M]. 北京：机械工业出版社，2012.

[2] 朱成心．冷拼与食品雕刻 [M]. 北京：中国劳动社会保障出版社，2007.

[3] 罗家良．果酱画盘饰围边 [M]. 北京：化学工业出版社，2012.

[4] 尹哲学，田华，翟万安．西式盘饰造型设计 [M]. 北京：化学工业出版社，2011.

[5] 周毅．周毅食品雕刻——盘头篇 [M]. 北京：中国纺织出版社，2012.

[6] 孔令海．食品雕刻解析与造型设计 [M]. 北京：中国轻工业出版社，2010.

[7] 张定成．面塑制作教程 [M]. 北京：中国轻工业出版社，2009.

[8] 肖强．肖强食雕艺术·人物篇 [M]. 成都：四川科学技术出版社，2006.